Matthias Bacher

ICE 1

Die Krönung des klassischen Schnellzugs

Verlag Podszun-Motorbücher GmbH
Elisabethstraße 23-25, D-59929 Brilon
Herstellung: LUC Medienhaus, Greven
Internet: www.podszun-verlag.de
Email: info@podszun-verlag.de
ISBN 978-37516-1070-4

Matthias Bacher

ICE 1

Die Krönung des klassischen Schnellzugs

Über den Autor

Matthias Bacher, Jahrgang 1965; aufgewachsen an der Hochrheinbahn, direkt an den Gleisen nahe dem Bahnhof Laufenburg (Baden) Ost wurde mir das Eisenbahn-Virus schon früh eingepflanzt, und bekannterweise ist es ja unheilbar. So nahm die Sache ihren Lauf; ich wurde zwar nicht Eisenbahner, aber Eisenbahn-Fan! So oft es geht, reise ich mit dem Zug – und wenn ich aus anderen Gründen irgendwo bin: hat es dort eine Bahn, gehe ich sie anschauen. Meine absolute Vorliebe gilt den lokbespannten Personenzügen mit ihren Loks und Wagen ab Epoche III bis heute (soweit es sie noch gibt) und der guten alten mechanischen Bahn-Technik.

1991 Umzug von Süd-Deutschland ins Bahnland Schweiz an den Vierwaldstättersee und damit an die Nordzufahrt zur weltberühmten Gotthardbahn. 1998 Umzug innerhalb des Bahnlandes Schweiz an den Thunersee und damit an die Nordzufahrt zur Lötschberg-Simplon-Achse.

Beruflich habe ich rein gar nichts mit der Eisenbahn zu tun – dennoch begegne ich ihr nahezu jeden Tag, da ich – wie früher zur Schule – heute damit zur Arbeit fahre und mich so regelmässig in „meiner" Welt bewegen kann. Dies alles auch photographisch zu dokumentieren passiert jedoch erst seit etwa 2008. Seit Ende 2013 fanden und finden meine vielen Eisenbahnerlebnisse aus mehr als 45 Jahren auch ihren Weg in bisher zwei reich bebilderte Bücher zum Thema Faszination klassische Eisenbahn sowie in einen Sonderband zur Diesellok-Baureihe 218 – und nun in einen weiteren zum ICE-1 der Baureihe 401.

Der ICE-1: als „Kind der 1990er-Jahre" ist er trotz seines Alters von mittlerweile 30 Jahren bereits ein „moderner" Zug, verkörpert aber in vielen Merkmalen auch im 21. Jahrhundert noch immer die „gute alte Eisenbahn". So handelt es sich nur vordergründig um einen Triebzug – tatsächlich ist es ein Lok-Wagen-Zug in Sandwich-Bespannung als wunderbar langer wie eleganter Lindwurm, ausgestattet sowohl mit Grossraum wie auch klassischen 6er-Abteilen. Faszination klassische Eisenbahn eben ...

Der vorliegende Band widmet sich hauptsächlich von mir persönlich erlebten und mit sehr vielen grossformatigen Fotos dokumentierten betrieblichen Aspekten aus der so interessanten Zeit der internationalen Einsätze des ICE-1, welche zum Fahrplanwechsel Mitte Juni 2020 leider ihr Ende fanden.

Viel Spaß beim Blättern, Lesen und Stöbern!

ICE-1 BR 401-018/518 „Gelnhausen" der Relation Berlin-Ostbahnhof – Basel SBB noch ganz am Beginn (Berlin Hbf, Sommer 2018)

Nur ein schweiz-interner Umlauf: ICE-1 BR 401-084/584 „Bruchsal" Basel SBB – Interlaken-Ost bei der Einfahrt in den Bahnhof von Thun im Berner Oberland, 2016. Kurze Zeit später wird der Zug 1100 km weit von Interlaken bis Berlin fahren

ICE-1 BR 401-056/556 „Heppenheim / Bergstraße" der Relation Hamburg – München bei der Einfahrt in den seit Jahren von Baustellen geplagten Hauptbahnhof von Ulm (Okt. 2019)

1100-km-Langlauf eines 12-Wagen-358 m-Lindwurms: ICE-1 BR 401-085/585 „Freilassing" der Relation Interlaken-Ost – Hamburg-Altona bei der Einfahrt in den Bahnhof von Thun vor der Kulisse der Berner Alpen (Nov. 2019)

Ein Klassiker – Die ICE-1-Doppelausfahrt aus Bern HB um 13:04 h (bereits seit Fahrplanwechsel 2015/16 jedoch leider Geschichte): Links: ICE-1 BR 401-083/583 „Timmendorfer Strand" der Relation Interlaken-Ost – Hamburg-Altona, rechts der namenlose ICE-1 BR 401-076/576 der Relation Berlin – Interlaken-Ost (Foto: Okt. 2014)

Vorwort

Mit Baujahr 1989-1993 und mit Aufnahme des fahrplanmäßigen Betriebes im Mai 1991 befinden sich die Hochgeschwindigkeits-Pioniere der DB-Baureihe 401 nun schon seit 30 Jahren im strammen wie zuverlässigen Einsatz. Die in den 1980er-Jahren entwickelten Züge, bestehend aus zwei Triebköpfen (das sind Lokomotiven mit nur einem Führerstand) und in der Regel zwölf eingereihten Zwischenwagen, haben zu Beginn der 1990er-Jahre den Fernverkehr auf deutschen Gleisen mit fahrplanmäßigen Geschwindigkeiten von bis zu 250 km/h revolutioniert. Sie brachten damit einen unglaublich großzügigen Komfort im Alltagsbetrieb auf die Gleise. Fast von Beginn an verkehrten die Züge auch in die Schweiz; ab 1998 dann zudem für einige wenige Jahre in die österreichische Hauptstadt Wien.

Seit Sommer 2020 ist die Ablösung dieser wunderbaren Züge im internationalen Einsatz eine vollzogene Tatsache, begonnen im Verkehr mit Zürich und Chur im Dezember 2019 und abgeschlossen im Verkehr mit Bern und Interlaken seit dem „kleinen" Fahrplanwechsel vom Juni 2020. Der ICE-1 wird innerhalb Deutschlands weiterhin im Einsatz bleiben. Er hatte dort im Mai 2021 sein 30. Betriebsjahr erreicht, aber der phantastische Komfort im internationalen Reiseverkehr ist verschwunden, denn das Nachfolge-Modell ICE-4 der BR 412 bietet nichts mehr davon, womit einst in den 1990ern gestartet wurde. Es geht heute nur noch darum, möglichst viele Passagiere von A nach B zu transportieren – wie, das interessiert den „modernen" CEO nicht mehr. So ist es an der Zeit, dem ICE-1 als elegantem, zuverlässigen und überaus komfortablen, aber auch bereits modernem Vertreter der „guten alten Eisenbahn" (auf eine Art ein sogenannter „Youngtimer") ein kleines und aus meiner Sicht sehr persönliches Denkmal zu setzen.

Einfahrt des ICE-1 BR 401-055/555 „Rosenheim" in den Bahnhof von Baden-Baden, 2014. Fahrtziel des nicht schweiz-tauglichen Zuges ist Basel SBB)

Inhalt

Ankunft „zur blauen Stunde"; ICE-1 BR 401-084/584 „Bruchsal" der Relation Berlin – Interlaken (Thun, 2014)

Das Bild zeigt den namenlosen ICE-1 BR 401-076/576 als ICE 73 „Thunersee" der Relation Hamburg-Altona – Interlaken-Ost schon fast am Ziel der 1100 km langen Reise beim Zwischen-Stop im winterlichen Thun, 2008.

Eleganz und Ästhetik des ICE 1

Eine Bildergalerie

Einfahrt des ICE-1 BR 401-073/573 „Basel" der Relation Chur – Hamburg in den Hauptbahnhof von Zürich, Zürich HB, Sept. 2019

Links: Eleganz pur: ICE-1 BR 401-017/517 „Hof" in der Halle von Basel SBB, 2014.

Rechts: ICE 1 BR 401-087/587 „Fulda" der Relation Interlaken-Ost – Hamburg-Altona bei der Einfahrt nach Interlaken-West, Januar 2015. Später im Jahr sollte Zug #04 „Mühldorf a. Inn" umnummeriert werden zu #87 und damit die Triebköpfe 401-087/587 diese Garnitur zugeteilt bekommen. In den Jahren danach sollten die Triebköpfe „087/587" diejenigen werden, die am häufigsten von allen ICE-1-Triebköpfen immer wieder eine „neue" (oder auch wieder die „alte") Zug-Garnitur zugeteilt bekommen.

Hier liegen ein paar Jahre zwischen den Bildern: ICE 1 BR 401-079/579 bei der Einfahrt nach Thun, 28. Dezember 2014 auf dem Bild oben. Das Bild unten zeigt dieselbe Situation sechs Jahre später: Einfahrt des ICE-1 BR 401-074/574 „Zürich" der Relation Interlaken-Ost – Hamburg-Altona in den Bahnhof Thun, Februar 2020. Die Ablösung der wunderbaren ICE-1-Züge (in Zürich bereits vollzogen) ist seit Juni 2020 auch auf der Linie ins Berner Oberland leider eine Tatsache; aber auf diesem Foto noch nicht.

Nur ein schweiz-interner Umlauf: morgendliche Einfahrt des ICE-1 Zug-#77 „Rendsburg" (vorne 401-077-3) der Relation Basel – Interlaken in den Bahnhof von Thun, Januar 2018. Der Zug wird am späteren Vormittag dann seine 1100 km-Reise von Interlaken nach Berlin antreten.

1100 km-Langlauf: wiederum ICE-1 BR 401-077/577 „Rendsburg" (Triebkopf 401-077-3) als ICE Berlin – Interlaken bei der abendlichen Einfahrt nach Thun, September 2019

Auch dem ICE-1 steht das sanfte Face-Lift mit LED sehr gut zu Gesicht: hier der 401-572-3 „Aschaffenburg“ (vormals „Landshut“), Thun 2016 ...

... und zum direkten Vergleich: ICE-1 BR 401-589-7 mit konventionellem Spitzensignal, Thun 2016 (seit 2017 ebenfalls auf LED umgerüstet)

Unterwegs zu uns ins Berner Oberland: ICE-1 BR 401-082/582 „Rüdesheim“ (Triebkopf 401-582-2) in Basel SBB, 2013. Auch mit Beendigung der internationalen Einsätze werden diese Züge weiterhin von Deutschland her Basel SBB erreichen, womit dann doch noch ein Hauch von Internationalität im Verkehr mit dem ICE-1 (vorläufig) erhalten bleiben dürfte. Sogar dreckig sieht der optisch unglaublich gut gelungene Triebkopf noch elegant aus.

Oben: Die Garnitur des ICE-1 Zug-#83 „Timmendorfer Strand“ der Relation Interlaken – Berlin beim Halt im Verzweigungs-Bahnhof Olten, 2017

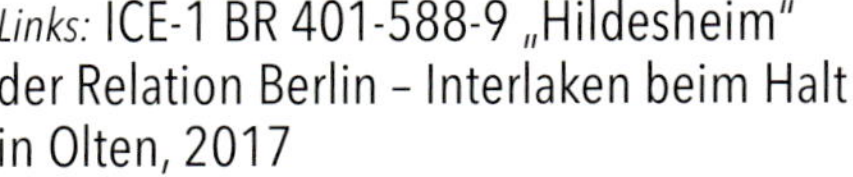

Links: ICE-1 BR 401-588-9 „Hildesheim“ der Relation Berlin – Interlaken beim Halt in Olten, 2017

Links: ICE-1 BR 401-586-3 „Chur“ der Relation Berlin – Interlaken beim Halt im Verzweigungs-Bahnhof Olten, 2019. Da kein ICE Richtung Luzern und Gotthard verkehrt und die Züge Richtung Zürich und Chur den Bahnhof Olten auf einer Umgehungskurve umfahren, haben alle in Olten in Richtung Südwesten abfahrenden ICE das Fahrtziel Interlaken-Ost.

Die von Interlaken her kommenden und Olten in Richtung Norden verlassenden ICE können hingegen noch zwei Fahrtziele ansteuern: Hamburg oder Berlin. ICE-1 BR 401-586-3 „Chur" ist nach Berlin unterwegs (Olten, 2019).

Rechts: Blitzeblank: ICE-1 BR 401-080-7 „Castrop-Rauxel" der Relation Frankfurt (Main) Hbf – Interlaken-Ost bei der Einfahrt nach Thun, 2016

Unten: Abendliches Streiflicht: ICE 1 401-073/573 zwischen Kiesen und Uttigen vor der Kulisse des berühmten Berner Oberländer „Dreigestirns" Eiger, Mönch & Jungfrau, Sommer 2015. Nach dem Halt in Thun erwartet die Reisenden des 1100 km-Langläufers die landschaftlich reizvolle Passage entlang des Thunersees nach Interlaken.

Einfahrt ICE-1 BR 401-090/590 „Ludwigshafen am Rhein“ der Relation Hamburg-Altona – Zürich HB in den Bahnhof Baden-Baden, 2019 (Triebkopf 401-090-6).

„Meine Damen und Herren am Gleis 4 – Willkommen in Baden-Baden!" – diese freundliche Begrüßung aus dem Bahnsteig-Lautsprecher ist schon viele Jahre Geschichte; der ICE-1 hält jedoch weiterhin in Baden-Baden, jedoch nicht mehr von der Schweiz her. Im Jahre 2016 hingegen war es noch möglich, vom Berner Oberland ohne umsteigen direkt in die schöne Kur- & Bäderstadt Baden-Baden zu gelangen, so wie hier mit dem ICE-1 Zug-#82 „Rüdesheim" der Relation Interlaken-Ost – Hamburg-Altona beim Halt in Baden-Baden im Juni 2016 (Triebkopf 401-582-2).

Häufiger als Baden-Baden statten ICE-Züge dem Bischofssitz Fulda einen Besuch ab. Dort verlaufen mehrere Linien gebündelt; Richtung Norden geht es auf die Rennstrecke bis Kassel-Wilhelmshöhe. Die ICE verkehren nach Hamburg oder Berlin – Richtung Süden findet sich direkt nach der Bahnhofsausfahrt die Verzweigung auf die Strecke Richtung Würzburg und weiter nach München oder – etwas beschaulicher nach Frankfurt, von dort nach Basel und Zielen in der Schweiz. Auf dem Bild in der Mitte ist ICE-1 Zug-#67 „Garmisch-Partenkirchen" im Jahre 2018 südwärts unterwegs; auf dem Bild unten ist ICE-1 Zug-#75 „Nürnberg" 2019 nordwärts unterwegs.

Der ICE 1

Hochgeschwindigkeits-Pionier der Deutschen Bundesbahn
Ein kleiner entwicklungsgeschichtlicher Abriss

H0-Modell eines ICE-1 BR 401 in der ursprünglichen Lackierung mit 2-farbigem Zierstreifen in orientrot mit passendem Pastellton

Als die europäischen Bahnen nach dem InterCity von 1971 (ab 1979 zweiklassig) dann 1987 das EuroCity-System aus der Taufe hoben, war auch der ICE-Verkehr bereits aufgegleist. Der Prototyp ICE-V befand sich bereits in der Erprobung; die für einen sinnvollen Einsatz erforderliche, erste deutsche Hochgeschwindigkeitsstrecke Würzburg – Fulda – Hannover war bereits im Bau und ein erster Abschnitt bereits seit 1986 in Betrieb. Die Gesamtstrecke sollte dann 1991 in Betrieb gehen, ebenso wie diese zwischen Stuttgart und Mannheim.

Als 1985 der ICE-V-Prototyp der BR 410 (410-001/002) in die Erprobung ging und dabei u.a. auch einen Geschwindigkeits-Rekord von 406 km/h aufstellte, stand ICE noch für InterCity-Experimental. Die Baureihen-Bezeichnung 410 wurde mit 410-101/102 im Jahre 1997 als „ICE-S" für die Entwicklung von Komponenten des ICE-3 nochmals neu besetzt; hierbei handelte es sich um zwei aus der Produktion abgezweigte Triebköpfe des ICE-2 der Baureihe 402, ergänzt mit ebenfalls angetriebenen Mittelwagen, wie diese in den ab ICE-3 ohne Triebköpfe konstruierten ICE-Triebzug-Modellen zum Einsatz kommen sollten.

Mit dem ICE-S wurde der ursprüngliche Prototyp ICE-V entbehrlich; der ICE-S findet sich als Erprobungsträger oder für spezielle Probefahrten hingegen auch heute noch im Einsatz; u.a. kam er anlässlich der spektakulären Basistunnelprojekte im Zusammenhang mit der Schweizer NEAT-Alpentransversale sowohl im Lötschberg-Basistunnel und im Gotthard-Basistunnel wie auch schlussendlich im Ceneri-Basistunnel zwischen Bellinzona und Lugano im Jahre 2020 für Hochgeschwindigkeits-Testfahrten zum Einsatz. Auch mit dem regulären ICE-1 wurden Mitte der 1990er-Jahre Probefahrten auf der Gotthard-Bergstrecke unternommen; zu einem über Luzern hinausgehenden Regeleinsatz bis in die Südschweiz kam es jedoch nie.

Mit Verfügbarkeit der ersten ICE-1-Serien-Triebköpfe der Baureihe (BR) 401 im Jahre 1989 stand ICE fortan für InterCityExpress. Den Zusatz „1" gab es noch gar nicht, denn es gab ja „nur den 1er". Die Aufnahme des fahrplanmäßigen Reisezug-Verkehrs mit den neuen Hochgeschwindigkeitszügen geht zurück auf den 29. Mai 1991. Auf den Neubau-Abschnitten fuhren die für 280 km/h zugelassenen Züge maximal 250 km/h. In späteren Jahren wurde die fahrplanmäßige Geschwindigkeit des ICE-1 auf 260 (bzw. 265) km/h erhöht.

Da anfänglich für die Erprobung der Triebköpfe die speziellen ICE-Reisezugwagen (= Mittelwagen) noch gar nicht zur Verfügung standen, machten die 401er ihre ersten Gehversuche mit Wagengarnituren aus modifizierten 26,4 m-Schnellzug-Abteilwagen der Bauart „Mielich" (ein Entwurf der 1950er-Jahre), die dafür die spezielle

ICE-Mittelpuffer-Kupplung erhalten hatten. (siehe hierzu auch das ausführliche Kapitel zur Entwicklung vom Schnellzug-Abteilwagen bis hin zum ICE-Mittelwagen, S. 21 ff).

Wie im Vorwort bereits erwähnt, verkehrten die Züge fast von Beginn an (ab 1992) auch in die Schweiz, zunächst auf der Linie Hamburg-Altona – Basel SBB – Zürich HB, ab 1995 dann sowohl von Hamburg wie auch von Berlin via Basel SBB und Bern nach Interlaken-Ost. Nur für kurze Zeit im Jahre 1995 gab es eine Wochenend-Verbindung von Hamburg nach Luzern mit Hinfahrt am Samstag und Rückreise der dort abgestellten Garnitur am Sonntag. Während sich der Einsatz nach Zürich (und später bis nach Chur) beziehungsweise via Bern nach Interlaken-Ost zur wahren Erfolgs-Geschichte entwickelte (siehe die Kapitel zu diesen Themen), sollte der Einsatz ab 1998 in die österreichische Hauptstadt Wien nur einige wenige Jahre dauern, bevor diese Verbindung (wie die Wochenend-Verbindungen ins Karwendel-Gebiet und nach Innsbruck) an den ICE-T der Baureihen 411 und 415 überging. In den Fahrplan-Tabellen hätten die diversen Auslandsverbindungen konsequenterweise als EuroCity (EC) bezeichnet werden müssen, es kam und kommt aber stets die Bezeichnung ICE zur Verwendung.

Der ICE 1 ist nur auf den ersten Blick ein Triebzug, bei genauerer Betrachtung ist es ein (fast) konventioneller, lokbespannter Wagenzug in „Sandwich-Bespannung", also mit je einem Triebkopf (das ist eine Lokomotive mit nur einem Führerstand) an beiden Enden. Zusammen mit nur auf einem Werkstattgleis und nicht am Bahnsteig durchführbarer Möglichkeit der Wagenreihungsänderung erweckt das den Eindruck eines Triebzuges, aber es ist unverkennbar ein Lok-Wagen-Konzept, das hier zur Anwendung gelangt. Ganz anders ist das bei allem, was danach kam: seien es ICE 3, Neige-ICE-T, Diesel-Neige-ICE-TD, die Weiterentwicklung „Velaro D" (BR 407) des ICE-3 wie auch der brandneue ICE-4 der BR 412. Sie alle sind durchwegs Triebzüge. Die Antriebseinheiten sind unterflurig auf den ganzen Zug verteilt, der nur als Einheit funktioniert (siehe hierzu das Kapitel und die Fotos der weiteren ICE-Typen).

Extra für die neuen Züge wurde 1991 zu deren Wartung in Hamburg-Eidelstedt ein hochmodernes ICE-Werk in Betrieb genommen, in welchem denn auch alle 60 Einheiten beheimatet wurden. Insgesamt und über all die Jahre gesehen erwies sich der ICE-1 (mit Schwankungen) als sehr zuverlässiger Zug.

Leider hatte aber auch der ICE-1 seinen rabenschwarzen Tag im Jahr 1998 mit dem Unfall von Eschede, bei dem es 101 Todesopfer zu beklagen gab. Ein Konstruktionsdetail, das ihm erst später eingebaut worden war, wurde ihm und diesen Menschen zum Verhängnis: der sogenannte Radreifen. Der ICE-1 war ursprünglich mit Monobloc-Rädern konstruiert worden; nach einiger Zeit wurden diese gegen Radreifen-Räder ausgetauscht. An eben jenem Tag verhakte sich ein schadhaft gewordenes Exemplar bei hoher Geschwindigkeit in einer Weiche mit den bekannten katastrophalen Folgen. Seither verkehren alle ICE-1 wieder mit den ursprünglichen Monobloc-Rädern. Nie wieder ist etwas passiert mit diesen Rädern – welch eine (unnötige!) Tragik!

Von ursprünglich 60 ICE-1 verkehren seit dem Unfall von Eschede noch 59 Garnituren der Nummern 401-001/501 bis 401-020/520, sowie 401-052/552 bis 401-090/590, wobei die Garnituren 72-90 schweiztauglich sind und über einen zweiten Stromabnehmer auf jedem Triebkopf verfügen. Einen Ausflug in die USA unternahm 1993 ICE-1 Nummer 84; der schweiztaugliche Zug verkehrt heute mit dem Namen „Bruchsal". Mit dem Verschwinden der überaus klangvollen Namen für viele der internationalen Fernverbindungen erhielten immerhin eine Reihe von ICE-Zügen Taufnamen von Städten in Deutschland oder der Schweiz, die aber nicht zwangsläufig am ICE-Netz zu liegen hatten.

Am Brenner verkehrte der ICE-1 nie fahrplanmäßig; jedoch anlässlich „125 Jahre Brennerbahn" im Sept. 1992 war ein Exemplar im Bahnhof Brenner zugegen: Zug-#78 (401-078/578) in der schönen Ursprungslackierung mit dem zweifarbigen Zierstreifen. *(Bild aus: Brennerbahn, S. 104, © Podszun-Verlag 2020, Foto: Markus Inderst).* Fahrplanmässig hingegen erreichte der ICE-1 ein anderes Ziel in den österreichischen Alpen: für einige Jahre verkehrten an Wochenenden einige Züge von Norddeutschland kommend über München hinaus nach Innsbruck via Garmisch, Mittenwald, Seefeld und Karwendelbahn.

Am Gotthard verkehrte der ICE-1 nie fahrplanmäßig, zu Probefahrten „verirrte" sich jedoch hin und wieder ein Exemplar dorthin: ein ICE-1 noch mit dem ursprünglichen zweifarbigen Zierstreifen in orientrot & pastell-violett bei der Durchfahrt durch den Bahnhof Brunnen/SZ an der Nordzufahrt zur Gotthard-Bergstrecke, Mai 1995.

Der ICE-1 und Flügelsignale – ein Gegensatz? In den 1990er-Jahren vielleicht schon, aber heute nicht mehr, wo mittlerweile beide in die Jahre gekommen sind, beide doch für größtmögliche Zuverlässigkeit stehen – ganz im Gegensatz zur sogenannten „modernen Technik" des 21. Jahrhunderts, die sich mit all ihren Software-Problemen ständig selber im Wege steht! Wunderschöner Nachschuss auf einen ICE-1 nahe Goldshöfe (Strecke Stuttgart – Nürnberg), Okt. 2018. *Foto: © Horst Lu□icke (mit freundlicher Genehmigung)*

ICE-1 BR 401-059/559 (Triebkopf 401-059-1) unterwegs bei Maisach, Jan. 1997. Der Zug hat noch die schöne Ursprungslackierung mit dem zweifarbigen Zierstreifen in orientrot und pastell-violett, der erst 2005 im Rahmen des großen Refit dem verkehrsroten Streifen weichen wird. *Foto: © Sammlung Hansjörg & Werner Brutzer (mit freundlicher Genehmigung)*

Der ICE-1 in seinem Element auf einer der extra für ihn gebauten Schnellfahrstrecken: ICE-1 BR 401-061/561 (Triebkopf 401-061-7) unterwegs bei Vaihingen/Enz, April 1993; hier noch in der schönen Ursprungslackierung mit dem zweifarbigen Zierstreifen in orientrot und pastell-violett. *Foto: © Sammlung Hansjörg & Werner Brutzer (mit freundlicher Genehmigung)*

Vom 26,4 m- Schnellzugwagen zum ICE-1

Zwei Eckpunkte desselben Kapitels

Im Lok-Magazin (Ausgabe 2/2016) stand es geschrieben, in einem Artikel zum Thema 25 Jahre Baureihe 401, sinngemäss: „... der ICE-1, die Fortentwicklung des klassischen, langen D-Zuges, ein Meilenstein in der Fahrzeugentwicklung, der auch hinsichtlich des Komforts Maßstäbe setzt, die nachfolgende ICE nicht mehr erreichten; das Maß der Dinge bei Ausstattung, Komfort und Zuverlässigkeit ...". Aussagen, die ich vollumfänglich bestätigen kann: der ICE-1, bei genauerer Betrachtung ein klassischer Lok-Wagen-Zug in Sandwich-Bespannung; ein Zug von gediegener Eleganz, beeindruckender Dynamik und überdurchschnittlichem Komfort, der ab Baujahr 1989 trotz seiner Modernität dennoch richtige Eisenbahn zu verkörpern vermag. Er ist ein schöner, langer Lindwurm, so wie sich das gehört für einen anständigen Zug.

Doch wie fing das alles an? Die Eisenbahn – eine Entwicklung des 19. Jahrhunderts – war in ihren Anfangstagen mit einigen Ausnahmen alles andere als komfortabel, insbesondere in

Rechts oben: SBB-Modell eines 26,4 m-Schnellzug-Abteilwagens von 1968, abgeleitet aus der deutschen Konstruktion von Ing. Adolf Mielich: hier die Type Bm-UIC-X, 2. Kl. (Herzogenbuchsee, 2012). Von diesen Wagen gab es außerdem Am (1. Kl.), ABm (1./2. Kl.), Speisewagen sowie Packwagen. Eine Mischung aus Sitzwagen mit Gepäckabteil (wie bei der DB) gab es aber nicht. Die äußerst robusten Fahrzeuge wurden in den 1980er-Jahren und später um die Jahrtausendwende insgesamt zwei Mal modernisiert, behielten aber ihre Klotzbremsen, wogegen die DB-Modelle zu einem späteren Zeitpunkt mit Scheibenbremsen daher kamen, was den ohnehin grandiosen Laufkomfort nochmals steigerte! Während die SBB die Wagen bereits bei der ersten Revision in den 1980ern ihrer 6er-Abteile beraubten und Großraum-Abteile realisierten (Bm wurde zu Bpm), behielten die Wagen bei der DB (zumindest teilweise) ihre Seitengang-Abteile. Sowohl bei den SBB wie auch bei der DB wurde hingegen auf eine Klimatisierung verzichtet, sodass bei diesen Wagen bis heute die Fenster geöffnet und die Nase in den Wind gehalten werden kann ...

Rechts: Einstiegsräume bei der zuerst entwickelten DB-Ausführung (Kufstein, 2011). Die Wagen verfügen übrigens über WC und separaten Waschraum.

der Zeit, als es noch drei Klassen gab, die 3. Klasse die Holzklasse war. Geradezu verschwenderisch komfortabel waren dann in der ersten Hälfte des 20. Jahrhunderts Züge wie der Orient-Express oder der Rheingold von 1928. Bedingt durch die Zerstörungen des 2. Weltkrieges war Komfort zunächst wieder Nebensache. Erst die Konstruktion des 26,4 m-Wagens von Ing. Adolf Mielich aus den 1950er-Jahren sollte hier einen Markstein setzen, dessen weitere Entwicklung schließlich – wie gesagt – mit dem ICE-1 ihren Abschluss finden sollte. Alles, was dem ICE-1 folgte (und derzeit folgt), verkörpert aus meiner Sicht nur noch grandiose Rückschritte. So wird (einmal mehr) das bewährte und an Zuverlässigkeit wie Flexibilität unerreichte Lok-Wagen-Konzept verlassen einerseits, was teilweise geradezu absurde Stilblüten hervorbrachte (und wohl noch bringt, denn eine Rückkehr zur Vernunft ist nicht absehbar) sowie andererseits der nach dem Ende der grandiosen Express-Züge erst wieder in den 1980er- und 1990er-Jahren erreichte, geradezu grandiose Komfort bereits wieder aufgegeben mit dem ebenfalls absurden Resultat einer „stoffbezogenen Wiedergeburt der Holzklasse"! Ausgehend von Mielich's 26,4 m-Schnellzug-Abteilwagen mit seiner grandiosen Laufruhe, seinem außerordentlichen Komfort und der in ihm erlebbaren, einzigartigen Eisenbahnatmosphäre bei maximal 160 km/h ging die Entwicklung weiter bis hin zu den bei diversen nationalen Bahnverwaltungen verschiedener europäischer Länder eingestellten, ebenfalls grandiosen Komfort und hervorragende Laufruhe aufweisenden, klimatisierten Eurofima-Schnellzugwagen der 1980er-Jahre und deren daraus abgeleiteten, bis 200 km/h zugelassenen Nachfolgemodellen, die (der jeweiligen nationalen Tradition folgend) als Großraum- oder als Abteilwagen ausgeführt wurden, um dann (wie bereits beschrieben) im ICE-1, der in jedem einzelnen Wagen sowohl über Großraum- wie klassische Seitengang-Abteile verfügt, ihren krönenden Abschluss zu finden. Dies, indem den Kategorien Laufruhe, Komfort und „Eisenbahn-Erlebnis" (ein individueller Begriff aus meiner Feder) auch noch die höhere Endgeschwindigkeit von 280 km/h hinzugefügt werden konnte.

Hinsichtlich der Geschwindigkeit ging die Entwicklung mit den Triebzügen TGV und ICE-3 zwar weiter auf über 300 km/h, der Komfort hingegen entwickelte sich rückwärts. Die 6er-Abteile verschwanden, die Sitze wurden leider wieder härter. Der TGV hat zwar auch zwei Triebköpfe und passiv rollende Mittel-Wagen wie der ICE-1, jedoch sind die Wagen nicht einzeln rollfähig, da sie nur auf jeweils einer Seite ein mit dem Nachbarwagen gemeinsames Jakobs-Drehgestell haben. Ein Lok-Wagen-Zug im klassischen Sinne ist das dann eher nicht.

Erste Klasse in des Wortes wahrstem Sinne: die klassischen, blauen 26,4 m-Schnellzug-Abteilwagen der DB, hier Modelle mit Scheibenbremsen als Dampf-Sonderzug mit Laufweg Stuttgart – Ulm – Lindau – Bludenz – St. Anton am Arlberg beim Richtungs- & Lok-Wechsel in Lindau Hbf, 2016

26,4 m-Schnellzug-Abteilwagen der DB in zwei Ausführungen und drei Farbgebungen (Dampf-Extrazug, Gotthard-Südrampe, 2015)

links: Maß der Dinge: 1. Kl.-Seitengang-Abteil eines 26,4 m-Schnellzug-Abteilwagens der DB aus den 1960ern (Augsburg, 2011)
rechts: Und das hier durfte mit dem ICE-1 von 1989 an guter alter Eisenbahn-Kultur ins 21. Jahrhundert hinübergerettet werden: 1. Kl. Seitengang-Abteil: die Sitze sind effektiv weniger bequem als damals und auch nicht in ein Bett zu verwandeln, aber die sonstige Komfort-Ausstattung des Abteils ist weitgehend erhalten geblieben, der Tisch sogar wesentlich verbessert (BR 401 nach Revision von 2005; Zustand 2014)

Zurück zu den Schnellzug-Wagen: die Realisierung RIC-fähiger (also auch im Ausland einsetzbarer) Fernverkehrswagen bedeutete neben höchster Zuverlässigkeit & Verfügbarkeit eine schier unbegrenzte Freizügigkeit: keine Grenze versperrte diesen Waggons den Weg, einzig eine abweichende Spurweite wie z. B. in Spanien oder Russland. War keine mehrsystemfähige Lok vorgespannt, musste an den jeweiligen Landesgrenzen einfach nur die Lok gewechselt werden und der Zug konnte weiter fahren. Nur die Lok muss in diesem Falle die nationalen Regularien des gerade durchfahrenen Landes erfüllen wie Stromsystem, Zugsicherung etc. Mit sogenannten modernen Triebzügen, die der CEO von heute bevorzugt (aus welchen nicht nachvollziehbaren Gründen auch immer) ist das völlig unmöglich. Sie sind immer begrenzt auf das Land, in dem sie verkehren – im besten Falle noch auf ein oder vielleicht zwei Nachbarländer. Zu viele Normen aus zu vielen Ländern müssten sonst im gesamten Fahrzeug für die Zulassung berücksichtigt werden – Regularien sowohl Triebfahrzeuge wie Sitzwagen gleichzeitig betreffend – entweder unmöglich oder mit völlig unverhältnismäßigem Aufwand verbunden. So können mit derartigen Fahrzeugen niemals Freizügigkeit und Laufwege von Lok-Wagen-Zügen realisiert werden – es bleibt stets nur bei genau definierten, begrenzten Strecken. Das gilt auch für den ICE-1, dessen Triebköpfe (das sind ja genau genommen Lokomotiven mit nur einem Führerstand) auf Deutschland und die Schweiz begrenzt sind; einige wenige auch für Österreich. Der ICE-3 als Triebzug ist z. B. auf Deutschland, Frankreich und die Niederlande begrenzt; nach Österreich und Italien darf er nicht. Für die Schweiz hingegen hätte er theoretisch eine Zulassung, die aber noch nie zur praktischen Anwendung gelangte. Das größere Problem bei Triebzügen ist aber die ständige Unter- bzw. Überkapazität, bedingt durch entweder zu kurze oder zu lange Einheiten (meist zu kurz!), die immer nur mit einer weiteren, kompletten Einheit und damit nur äußerst grob angepasst werden können. Ganz im Gegensatz zum Lok-Wagen-Zug, der je nach Bedarf sowohl in Länge wie auch Klassenaufteilung völlig individuell anpassbar ist (wenn man eben noch ein paar Rangierer beschäftigt und bezahlt!).

Und dann kommt die sprichwörtliche Unzuverlässigkeit dieser meist mit unnötigen Mengen an Elektronik völlig überfrachteten Triebzüge, was zunächst extrem lange Zulassungsverfahren bedeutet, gefolgt von ständig wiederkehrenden Ausfällen während der Einführungszeit, um dann vielleicht in einen halbwegs zuverlässigen Einsatz zu münden (oder auch nicht). Spitzenreiter der Unzuverlässigkeit sind da sicherlich die Cisalpino-Neige-Triebzüge, die den alpenquerenden Verkehr zwischen der Schweiz und Italien hätten revolutionieren sollen, statt dessen jedoch einfach nur Fahrpläne außer Kraft setzten. Einziger Pluspunkt dieser Züge der italienischen Baureihen 470 & 610 sind die wirklich guten Sitze in beiden Wagenklassen – immerhin sitzen die Passagiere bequem, wenn sie darauf warten, ob und wann die Reise (evtl.?) weitergehen könnte.

So ziehen sie sich wie ein roter Faden durch die Eisenbahn-Presse, die Meldungen über nicht funktionierende Tiebzüge, dem daraus folgenden Fahrzeugmangel etc. – alles hausgemacht! Im Frühling 2017 z. B. verkehrten auf der Hochrhein-Linie aufgrund von Fahrzeugmangel Einfach-Garnituren 611er/612er (das sind zwei Wagen!) auf der Relation Basel Bad. Bf. – Ulm; das ist schlicht und einfach eine Zumutung für die Reisenden auf dieser Langstrecke, die in früheren Zeiten in ausreichend langen, mit BR 218 bespannten Lok-Wagen-Zügen Platz nehmen durften. Oder das Beispiel der Dänischen Staatsbahnen DSB, die mit ihren „tollen" IC-Triebzug-Garnituren, die 2017 gerade mal fünf Jahre alt waren und in dieser Zeit nie richtig funktioniert haben, einen etwas mehr als 3 ½ Millionen-Euro-Abschreiber hingelegt haben. Die DSB hätten besser die RIC-fähigen Schnellzugwagen behalten, anstatt diese nach Iran zu verkaufen, wo sie nach wie vor zuverlässig laufen – im Lok-Wagen-Betrieb! Mehr als genug Beispiele dieser Art finden sich immer wieder bei diversen Bahnverwaltungen, der „Lern-Effekt" bleibt leider aus.

Der CEO von heute ignoriert sogar extra hierfür durchgeführte, wissenschaftliche Studien (wo doch Studien im 21. Jahrhundert maximalen Stellenwert genießen): in der Schweizer Eisenbahn-Revue [Ausgabe 4/2017, S. 172 ff.] wurde z. B. eine derartige Studie publiziert, deren Resultat (alles andere als überraschend) klar bestätigt, dass der Einsatz von Triebzügen im Fernverkehr schlichtweg falsch ist.

Aufgrund der die Regularien betreffenden, weitgehenden Einheitlichkeit und völlig freizügigen Kombinierbarkeit sowohl mit Wagen anderer Bahngesellschaften wie auch über alle Grenzen hinweg konnten (und können immer noch, wenn „man" es nur wollte!) mit RIC-fähigen Schnellzugwagen extrem lange, umsteigefreie Laufwege wie z. B. Hamburg – Rom (um nur ein Beispiel zu nennen) realisiert werden, etwas, was in den 1970er/80er/90er-Jahren völlig normaler Bahn-Alltag war. Etwas, was der CEO von heute wider besseres Wissen und trotz vereinigtem Europa jedoch nicht mehr will und diese Art von Zügen, in denen Bahn fahren auch noch wirklich Spaß macht, deshalb eine fast ausgestorbene Spezies darstellt.

Meine eigene, wirklich lange erste Bahnfahrt fand in einem derartigen Zug statt, bestehend aus den 26,4 m-Schnellzug-Abteilwagen der DB: es war der Hispania-Express mit dem wunderbar langen Laufweg Port-Bou – Hamburg-Altona, in dem ich in den 1970ern als kleiner Junge ganz alleine von Basel Bad. Bf. nach Hamburg Hbf reisen durfte. Erst seit Beginn der 2020er-Jahre hat der eine oder andere CEO von heute „plötzlich wieder die Idee" für bis dahin nicht gewollte, internationale Fernverbindungen in mehr als nur zwei Länder. Im Gegensatz zum wesentlich unkomplizierteren Lok-Wagen-Zug aber mit extremem Aufwand mit Triebzügen realisiert und so dargestellt, als ob man gerade eben das Rad neu erfunden hätte. Man setzt auf das kurze Erinnerungsvermögen der Menschheit, wenn man behauptet, solche Verbindungen nun „erstmals" zu realisieren.

Beginnend mit dem IC-Verkehr wurden bei der DB zaghaft und vereinzelt die ersten klimatisierten Großraum-Wagen mit „Flugzeug-Bestuhlung" der Bauart Bpmz291 in der 2. Kl. eingereiht, die – bis auf das geänderte Farbschema – auch heute noch genau so in den verbliebenen IC/EC anzutreffen sind. Allerdings sind in den 2020er-Jahren ihre Tage endgültig gezählt, denn sie sollen im nationalen IC-Verkehr durch den ICE-1 ersetzt werden, der seinerseits degradiert und aus den internationalen Verkehren abgezogen wurde (dort wiederum ersetzt durch den unkomfortablen ICE-4).

Auch bei den SBB gab es eine Serie von klimatisierten Eurofima-Wagen der Bauart UIC-Z mit „Flugzeug-Bestuhlung“ in der 2. Klasse, außen im Eurofima-Orange und innen dunkelbraun, mit denen ich Anfang der 1990er-Jahre mehrfach auf der Allgäu-Bahn unterwegs war, bevor diese dann durch die EC-Apm/Bpm mit Großraum-Abteilen in vis-à-vis-Bestuhlung abgelöst wurden. Auch die durfte ich in den 1990ern auf der Allgäu-Bahn kennenlernen. Diese mittlerweile farblich eher zum Nachteil überarbeiteten Garnituren wurden dann leider im Dezember 2020 ebenfalls durch Triebzüge ersetzt, sind aber im Schweizer Inlandsverkehr und auf der Relation Interlaken – Hamburg weiterhin im Einsatz. Für die 1. Klasse dieser Apm-Type wurden einige der ersten Exemplare sogar noch mit 6er-Abteilen und Seitengang ausgeliefert (also als Am), erkennbar an den silbernen Fensterrahmen. Diese schönen Sonderlinge sind jedoch leider nicht mehr im Einsatz, sie durchliefen auch nicht mehr das Modernisierungsprogramm um die Jahrtausendwende.

Viele andere europäische Bahnverwaltungen nahmen in den 1970er /1980er-Jahren klimatisierte 26,4 m-Schnellzug-Wagen des Eurofima-Typs in Betrieb, die dann oft über lange Jahre in sehr gemischten Zugverbänden mit den älteren, noch unklimatisierten 26,4 m-Schnellzug-Abteilwagen und Fenstern zum Öffnen verkehrten. Besonders hervorzuheben ist hier die gemischte Type Bvmz185 der DB für den IC-/EC-Verkehr, die sowohl Großraum- wie auch Seitengang-Abteile aufweist. Diese Wagen sind ebenfalls noch heute in den wenigen verbliebenen IC/EC anzutreffen und ihr Konzept wurde wohl – so denke ich – für den ICE-1

Innenraum des Bpmz291 der DB (Original-Bestuhlung im aktuellen Design, Basel SBB, 2016)

Seitengangzone des Bvmz185 der DB (Basel SBB, 2017)

Moderne Weiterentwicklung des „Mielich-Konzeptes“ am Beispiel der EuroCity-Wagen der ÖBB; außen im aktuellen Farbschema unglaublich elegant (Zürich HB 2015) und innen – je nach Modell – sogar noch mit 6er-Abteilen und Seitengang, hier gezeigt die 2. Klasse (Ulm Hbf 2016)

EC Zürich – München: der 1. Wagen (Typ Bpm, Weiterentwicklung des EUROFIMA) trägt noch das elegante Design der 1980er-Jahre (Winterthur 2013). Diese komfortablen Wagen haben auch bei 200 km/h eine unvergleichliche Laufruhe – davon können moderne Triebzüge nicht einmal träumen !!

übernommen, der (wie schon mehrfach positiv hervorhebend erwähnt) auch in jedem Wagen sowohl über Großraum- wie Seitengang-Abteile verfügt und so einen gewissen Teil der guten alten Schnellzug-Tradition ins 21. Jahrhundert hinübergerettet hat.

Auch bei den ÖBB verkehren in den verbliebenen, lokbespannten Fernzügen – soweit es sich nicht um die aus meiner Sicht nur mäßig gelungenen railjet-Garnituren handelt – nach wie vor auch klimatisierte 26,4 m-IC/EC-Schnellzugwagen mit Seitengang-Abteilen in beiden Klassen. Bei den belgischen Staatsbahnen SNCB fanden derartige Seitengang-Wagen mit Einstellung des EC „Vauban“ 2016 das Ende ihres internationalen Einsatzes. Für die französischen Staatsbahnen zählt leider sowieso nur noch der TGV und auch die italienischen Staatsbahnen FS/trenitalia sind im internationalen Verkehr nur noch mit ihren unsäglich unzuverlässigen CIS/ETR-Triebzügen unterwegs. Die weisen aus meiner Sicht (wie schon weiter oben erwähnt) nur einen einzigen Pluspunkt auf: die wirklich bequemen Sitze in beiden Wagenklassen.

Zu nationalen und sogar internationalen „Schnellzug-Ehren“ kamen immer wieder auch DB-Silberlinge, obwohl es sich hierbei um nicht RIC-fähige 26,4 m-Wagen für den Inlands-Regionalverkehr handelt. Einsätze bis nach Venedig sind belegt. Auch die auf dem 26,4 m-Konzept basierenden, klimatisierten SBB-Inlandswagen vom Typ EW-IV aus den 1980er-Jahren kamen – obwohl nicht RIC-fähig – immer wieder auch zu „Auslands-Ehren“, so über die Gäubahn bis Stuttgart (als Teil des D-Zuges Milano-Stuttgart) und im EC-Verkehr mit Österreich bis Graz (über einen gewissen Zeitraum anstelle des Panorama-Wagens Apm eingereiht).

Schließlich wurden sowohl bei der DB wie auch bei den SBB durch Umbau Steuerwagen entwickelt für den Einsatz zusammen mit diesen wunderbaren, auf Mielich's Konstruktion basierenden Wagen-Gattungen, was deren freizügige Einsetzbarkeit noch weiter steigerte – dies jedoch nur im Inland, da Steuerwagen stets nur mit einer Lok des eigenen Landes zu kommunizieren in der Lage sind. Und selbst nach Ablauf ihrer „ordentlichen“ Nutzungsdauer können Einzelwagen – sollten sie nicht noch ein weiteres Mal aufgearbeitet werden – völlig freizügig verkauft werden. Triebzüge hingegen kann man nur verschrotten, denn sie haben weder Qualität noch Dauerhaftigkeit noch die erforderliche Freizügigkeit, um andernorts ein „zweites Leben“ zu erfüllen! Es ist Tatsache, dass z. B. in der Schweiz mit den GTW-Typen nun tatsächlich eine erste Generation Regional-Triebzüge nach gerade einmal 20 Jahren bereits verschrottet wird! Umso mehr also ein Plädoyer für Lok-Wagen-Züge, kein anderes System macht internationale Eisenbahn so einfach umsetzbar – und so unglaublich schön!

Die Innenausstattung des ICE-1

Komfortabel

Wie bereits ausgeführt, standen die für den ICE-1 extra entworfenen und auch bereits für die Erprobung der Zugverbände erforderlichen, speziellen ICE-Reisezugwagen (Mittelwagen) 1989 noch nicht zur Verfügung. So machten die Serien-401er ihre ersten Gehversuche mit improvisierten Wagengarnituren aus modifizierten 26,4 m-Schnellzug-Abteilwagen der Bauart „Mielich" (ursprünglich ein Entwurf der 1950er-Jahre), wodurch sich Beginn und Ende der Entwicklung der wohl besten Reisezugwagen, die es ja gab, in der Erprobungsphase des ICE-1 auf irgendwie wundersame Weise „die Hände reichen durften" – oder besser gesagt: die Kupplung. So stellten die damals noch zu liefernden ICE-1-Mittelwagen der Baureihen 801 bis 804 den krönenden Abschluss der Weiterentwicklung genau jener Schnellzug-Abteilwagen dar, die am Ende ihrer Karriere noch eben diesen ersten Gehversuchen des ICE-1 haben dienen dürfen. Mit seiner überaus komfortablen Inneneinrichtung setzte der ICE-1 Maßstäbe, wurden doch viele der Komfort-Merkmale u. a. aus dem 1.-Klasse-Seitengang-Abteil der Schnellzugwagen Bauart Mielich mehr oder weniger übernommen.

Meine 1. Fahrt in einem ICE-1 geht zurück auf den 31. Juli 1992, zu einer Zeit, als es noch gar keine weiteren Varianten des ICE gab und dieser noch

Auch nach dem Facelift von 2005 hat nach wie vor jeder Waggon klassische 6er-Abteile und Großraum; das Foto rechts zeigt den Seiten-Gang im Bereich der 6er-Abteile mit Blick in Richtung Großraum der 2. Klasse. Die Sitze sind in beiden Wagenklassen verstellbar – ein Komfort-Aspekt, den man bei anderen Zügen üblicherweise nur in der 1. Klasse vorfindet. Nach wie vor lässt sich im Seitengang-Abteil des ICE-1 – so wie früher bei den alten Schnellzug-Abteilwagen – nachts das Licht ausschalten für einen ungestörten Blick nach draußen.
Foto oben: 2014; Fotos unten: 2018 & 2020

Der Speisewagen des ICE-1: bedingt durch die Höhe unter dem von außen gut sichtbaren „Buckel" im Zugverband entsteht ein äußerst großzügiger Raumeindruck. Die roten Polster zeigen den Zustand nach dem Facelift von 2005. Im Foto (2017) schweift der Blick in Richtung Küche; dahinter findet sich der Bereich des Bord-Bistro, gefolgt von der 2. Klasse des Zuges.

Die 2. Klasse im ICE-1: der Blick in den Großraumbereich mit einer Mischung aus vis-à-vis-Sitzen und Flugzeug-Bestuhlung. Im Hintergrund befindet sich der Seitengang-Bereich des Wagens. Zustand nach Facelift 2005. *Foto von 2014.*

Die 1. Klasse im ICE-1: links das klassische 6er-Seitengang-Abteil mit verstellbaren Leder-Sitzen, großem Tisch, Leselampen und zweistöckigem Gepäckfach. Rechts der Blick in den Großraumbereich mit einer Mischung aus vis-à-vis- & Flugzeug-Bestuhlung Zustand nach Facelift 2005. *Fotos 2014*

mit der ursprünglichen Inneneinrichtung unterwegs war, bestehend aus geradezu riesigen Plüsch-Sesseln und einem knallig-bunten Farbkonzept. Aus heutiger Sicht glich diese Art von „Ambiente“ in den Zügen einer doch eher „künstlich“ wirkenden „Plastik-Atmosphäre“ – einzig im Speisewagen ging es gediegen und elegant zu, sogar echte Marmorplatten waren dort verbaut worden. Mit all seinen Komfort-Ausstattungen war der Zug ein echtes Schwergewicht mit dementsprechenden Achslasten.

Mit der großen Refit-Aktion ab 2005, bei der das Design sowohl des ICE-1 wie auch des ICE-2 dem des ICE-3 angeglichen beziehungsweise ganz generell ein einheitliches „ICE-Innen-Design“ für die mittlerweile doch recht unterschiedlich konstruierten ICE-Typen umgesetzt wurde, sollte sich das markant ändern. Obwohl die Züge mit Ersatz der voluminösen Sessel durch wesentlich schlankere, aber weiterhin in beiden Wagenklassen verstellbaren Exemplaren eindeutig ihren „Plüsch-Komfort“ verloren, blieb der ICE-1 seinem Ruf als komfortabelster aller DB-Züge dennoch treu, verfügt er doch weiterhin über die nur ihm eigene, außerordentlich großzügige Innenraum-Aufteilung. Vor allem gibt es einzig in den ICE-1 sowohl Großraum- wie auch Seitengang-Bereiche in fast jedem Waggon. Darüber hinaus erfolgte ein Komfort-Zuwachs mittels anderer Attribute, die in der Ursprungs-Ausführung fehlten, so z. B. wesentlich verbesserte Tischchen – vor allem jene in den Seitengang-Abteilen. Diese Abteile waren zwar nun alle mit sechs statt nur fünf Sitzen ausgestattet, boten aber vor allem durch den neuen Tisch insgesamt mehr Komfort als vor dem Refit. Der Vergleich der Inneneinrichtung aus einem Seitengang-Abteil der 1. Klasse des ICE-1 mit dem eines 1.-Klasse-Seitengang-Abteils eines Schnellzug-Wagens der Bauart „Mielich“ aus den 1950ern mag das (wie schon mehrfach erwähnt) verdeutlichen. Sicherlich besser waren die damaligen Plüsch-Liegebett-Sessel, aber alle anderen Komfort-Merkmale eines solchen, typischen Eisenbahn-Abteils wurden im ICE-1 ins 21. Jahrhundert hinüber „gerettet“ – inklusive der zweistöckigen Gepäck-Ablage, des Spiegels, der Leselampen und, wie schon erwähnt, des wesentlich verbesserten Tisches. Und noch heute kann man im Abteil des ICE-1 des Nachts das Licht löschen und ungehindert nach draußen schauen.

Ein aus meiner Sicht wesentlicher Schritt beim Refit aber war der Einsatz deutlich gediegener wirkender Materialien und Farben, was dem Interieur des ICE-1 eine bisher nicht gekannte Eleganz, ja sogar einen Hauch von „Luxus“ verlieh. Die „peppigen“ Farben wanderten nun in den Speisewagen, der dennoch seine gediegene Eleganz behielt, was einen Grund sicherlich in der hohen Decke des „Buckels“ findet, einem durchaus „luftigen“ Detail der ursprünglichen Konstruktion, an welchem sich so mancher Innen-Architekt von heute noch ein Beispiel nehmen könnte.

Außen verloren die Züge einzig den schönen, zweifarbigen Zierstreifen orientrot/pastell-violett, ersetzt durch nur eine verkehrsrote Zierlinie am sonst nach wie vor weißen Zug mit dem durchgehenden, edel schwarz-silber spiegelnden Fensterband. Das mittlerweile an den Triebköpfen vorhandene LED-Spitzensignal erhielten die Züge aber unabhängig von diesem Refit erst nach und nach ab 2014.

Der ICE-1 ist ein Zug zum sich rundum Wohlfühlen, der – trotz seiner Modernität – nach wie vor gute alte Eisenbahn ausstrahlt. Für mich persönlich kann eine Reise im ICE-1 gar nicht lange genug sein. So waren vor allem die internationalen Langläufe mit Laufwegen von bis zu 1100 km stets ein besonderes Erlebnis. Sei es von Thun „nur“ bis Frankfurt oder aber weit darüber hinaus bis Hamburg oder Berlin.

Neben dem Vorteil der umsteigefreien, internationalen Direktverbindung lag die besondere Faszination dieser Reisen stets darin, über viele Stunden den phantastischen Zug genießen zu können mit allem, was er an Eisenbahnerlebnis zu bieten hat: außen den unverwechselbaren Sound der Triebköpfe, den unverwechselbar satten Klang seiner Außentüren, die beeindruckende wie unverwechselbare „Musik“ seiner Bremsen, innen alle für „echte“ Eisenbahn typischen Bewegungen und Geräusche, wie man diese nur in passiv laufenden Waggons wahrzunehmen in der Lage ist, seinen Komfort bis hin zur „Wiege in den Schlaf“ in einem der in beiden Wagenklassen verstellbaren Sessel. Man kann durch den ganzen Zug gehen, kann im Bistro, im Speisewagen (oder in der 1. Klasse auch am Platz) Speisen und Getränke genießen, hierbei die interessanten „Balance-Akte“ der Speisewagenkellner beobachten und im Gespräch mit denselben auch würdigen. Und man erlebt den „weißen Flitzer“ sowohl in seinem Element, den deutschen „Rennstrecken“ bei ca. 250 bis 260 km/h wie auch auf der Schweizer „Rennstrecke“ Bern – Olten bei 200 km/h und schließlich auch ganz „normal“ unterwegs wie alle anderen Züge auch – mit kreischenden Radkränzen in engen Kurven oder in komplexen Weichenstraßen.

Der ICE 1 – was ihn besonders macht

(Meine) vollumfängliche subjektive Betrachtung und ein Plädoyerfür lokbespannte Wagenzüge

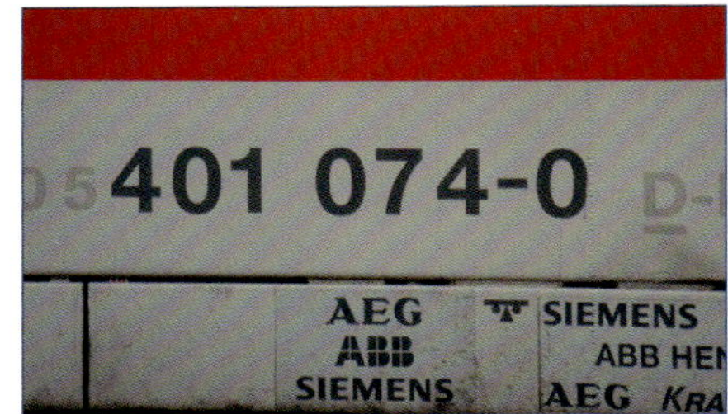

Oben: Detailaufnahmen an „meinem" ICE 1 BR 401-074-0/401-574-9 „Zürich" (schweiz-tauglich mit zweitem Stromabnehmer) in Bern 2009

Links: „Mein" ICE-1, Zug-#74 „Zürich" beim Halt in Bern, 2020 (Triebkopf 401-574-9 mit Jubi-Aufklebern zu 25 Jahre ICE-Verkehr D – CH 2017)

Der ICE 1 – nur auf den ersten Blick ein Triebzug: bei genauerer Betrachtung ist es ein (fast) konventioneller lokbespannter Wagenzug. Seine Lokomotiven heißen Triebköpfe, sind an beiden Enden vorhanden (also eine sogenannte „Sandwich-Bespannung") und gleichen im Design wie aus einem Guss den antriebslosen Mittelwagen. Zusammen mit der nur auf einem Werkstattgleis durchführbaren Trennung oder Kuppelung der Wagen erweckt das den Eindruck eines Triebzuges, aber es ist unverkennbar ein Lok-Wagen-Konzept, was hier zur Anwendung gelangt. „Fast konventionell" einfach deshalb, weil man eben nicht bei einem Zwischenhalt kurzerhand Wagen an- oder abhängen kann, der ICE 1 aber dennoch problemlos in verschiedenen Zuglängen betrieben werden kann, da es sich bei seinen Mittelwagen um ganz normale, passiv gezogene beziehungsweise geschobene Reisezugwagen handelt. Die maximale Länge sind 14 Reisezugwagen und zwei Triebköpfe. Ähnlich ist das beim ICE 2 (BR 402), der sich des Lok-Wagen-Steuerwagen-Konzeptes bedient mit der Möglichkeit, Flügelzüge zu bilden. Aber auch hier ist grundsätzlich die Anzahl Mittelwagen nicht sakrosankt. Und der ICE-1 ist einfach schön – was für ein elegantes, zeitloses Design dieses bis zu 16-Einheiten-Lindwurmes! Üblicherweise sind die Züge mit zwölf Wagen und zwei Triebköpfen unterwegs, was eine stattliche Länge von 358 m ergibt.

Ganz anders bei allem, was danach kam, sei es ICE 3, Neige-ICE-T, Diesel-Neige-ICE-TD wie auch die Weiterentwicklung des ICE-3 zum „Velaro" BR 407, die mit grandioser Verspätung 2014 auf die Schienen kamen. Sie alle sind durchwegs Triebzüge – die Antriebseinheiten sind unterflurig auf den ganzen Zug verteilt. Das Ganze funktioniert nur als Einheit, die aus maximal sieben Wagen besteht. Daraus ergibt sich geradezu der Zwang, mehrere Garnituren zu kuppeln, mit dem einzigen Vorteil der Flügelzugbildung. Als Reisender hat man mehr Nachteile als Vorteile. Und, im Gegensatz zum ICE-1 (oder auch zum ICE-2) sind sie einfach hässlich, für mein Auge allesamt Vertreter der „Gesichtslosen".

Einzig der „Velaro" BR 407, das könnte noch was werden mit der Optik und den „Fischmaul-Kussmund-Bugklappen". Zum ersten Mal gesehen habe ich ihn am 01. Januar 2015 in Ulm, kann aber bis heute noch nichts über den Fahreindruck berichten – außer, dass er beim „Nicht-Klang der Türen" durchgefallen ist.

Der ICE-1 also ist die große Ausnahme an Triebzügen, der mir wirklich gefällt (er ist ja eigentlich keiner). Aber eben nur der „1er" – denn er ist es, der als ein Kind der 1990er-Jahre trotz seiner Modernität für mich dennoch die gute alte Eisenbahn verkörpert, der echtes, unverwässertes und ungetrübtes Eisenbahngefühl zu vermitteln vermag, wie in einem klassischen Schnellzugwagen – mit Eleganz und Komfort. All die vertrauten Geräusche und Bewegungen sind ebenso da wie eine Inneneinrichtung, aus der ohne Zweifel sofort ersichtlich wird, dass man sich in einem Zug befindet. Und man kann sogar wählen zwischen „Großraum" und klassischem 6er-Abteil, denn jeder Waggon verfügt über beides. Das äußerst markante Quietschen, ausschließlich dieser seiner Bremsen, macht ihn mit geschlossenen Augen genauso unverkennbar wie eine BR 218 mit TB-11-Motor. Und seine Türen: keine andere mir bekannte Waggontür schließt mit einem derart unverkennbar satten Geräusch wie die eines ICE 1, nicht einmal die der grandiosen Eurocity-Waggons. Und auch das „Lüfter"-Geräusch der Triebköpfe ist eindeutig und unverkennbar ICE 1. „Wetten dass ... ich einen ICE-1 wie auch eine 218er nur an ihren Geräuschen erkenne?" Die Züge mit Baujahr 1989-1993 haben ca. 2005 ein Facelift bekommen: außen verloren sie leider den zweiten Streifen im schönen Pastell-lila (sonst passierte gottlob nichts) und innen verloren sie ihre opulenten Sessel. Die neuen Sitze sind schlanker geworden, aber weiterhin in beiden Wagenklassen verstellbar. Der Komfort hat dabei nicht sehr gelitten; einzig in der 1. Klasse waren mir persönlich die Stoffpolster lieber als die aktuellen Lederbezüge. Optisch hat der Innenraum sehr gewonnen, wirkt er doch wesentlich gediegener als zuvor – ja fast eine Spur luxuriös.

Erst viel später erhielten die Triebköpfe nach und nach LED-Spitzensignal, was ihnen sehr gut zu Gesichte steht; der erste für diese Nachrüstung war 401-572-3, und das zunächst auch nur auf der einen Seite des Zuges.

„Meinen" ICE 1 (das ist der von meiner Modellbahn), den schweiztauglichen 401-074/574 konnte ich bis und mit 2020 regelmäßig in Bern und Thun beobachten, was natürlich stets eine ganz spezielle Freude war (genauso, wenn ich eine andere „meiner" Lokomotiven von der Modellbahn irgendwo „in Groß" entdecken durfte, beziehungsweise darf ...).

Immer wieder kam es vor, dass er mich nach der Arbeit nach Hause brachte: er kam dann aus Hamburg oder Berlin und fuhr nach Interlaken-Ost. Am längsten am Stück genießen durfte ich ihn bisher auf dem 5 ½ Stunden dauernden Abschnitt von Fulda bis Thun. Täglich gab es in Bern und im Berner Oberland „interessante Begegnungen" zwischen zwei ICEs; so kam es bis Dezember 2015 täglich 13:04 Uhr zu einer ICE-Doppelausfahrt aus Bern, und hierbei immer wieder sogar zur Begegnung von ICEs mit fortlaufender Nummer. Ebenfalls mehrmals täglich begegneten sich zwei ICEs nahe Einigen zwischen Thun und Spiez vor fotogenem Hintergrund mit Thunersee und Berner Alpenkette – der eine fast am Ziel, der andere erst am Anfang seiner rund 1100 km langen Reise.

Die längsten Reisen am Stück in irgendeinem der schweiz-tauglichen ICE 1 waren für mich von Thun nach Fulda (relativ oft) beziehungsweise darüber hinaus einige wenige Male sogar noch weiter bis Hamburg und ein Mal auch nach Berlin.

Vorteil und Faszination dieser Reisen lagen darin, dass es von Thun aus direkte Zugverbindungen ohne Umsteigen waren (die Verbindungen existieren nach wie vor, werden aber nicht mehr mit ICE-1 gefahren). So verliert man bei auftretenden Verspätungen – was auf derart langen Laufwegen schnell passiert und sich gerne auch noch aufaddiert – weder Anschlüsse noch Folgereservierungen und kann entspannt die Reise und über Stunden den phantastischen Zug genießen, mit allem, was er an Eisenbahnerlebnis zu bieten hat: seinen Komfort, seine Türen und Bremsen, alle Bewegungen und Geräusche sowie alle Geschwindigkeitsbereiche. Dabei ist es immer wieder ein Erlebnis, wie satt die Wagen mit den großen Rädern auf der Schiene liegen, ein Rollkomfort, von dem die sogenannten modernen, niederflurigen und damit oft „klein-rädrigen" Triebzüge nicht einmal träumen können. So vieles hat sich leider ins Negative entwickelt bei der Eisenbahn in den vergangenen Jahren – und das sehe nicht nur ich so.

Im Rausch der Geschwindigkeit

Eindrücke oberhalb von 200 km/h

Der ICE-1 ist ein Hochgeschwindigkeitszug – aber er ist ein Erlebnis in allen Geschwindigkeitsbereichen. Ganz unterschiedliche Aspekte und Eigenschaften dieses Zuges lassen sich erleben, erspüren und auch erfühlen – je nachdem, wie schnell er unterwegs ist.

Ich persönlich habe es viel lieber langsam, um die Landschaft zu genießen, 160 km/h reichen mir völlig, 200 km/h ist da fast schon zu viel. Dreht der „1er" jedoch richtig auf, so entsteht jenseits von 200 km/h ein völlig anderes, aber ebenso beeindruckendes „Gefühl" des Bahnfahrens – ein bisschen „Rausch der Geschwindigkeit" ist da sicherlich dabei, aber nicht nur. Auch hier ist es wieder eine für den „1er" typische Geräusch-Kulisse und – so glaube ich – eine Art von Faszination für die rundum gelungene, kraftvolle, elegante und harmonisch in sich ruhende Konstruktion. Mit überzeugender wie beruhigender Selbstverständlichkeit vermittelt der Zug sowohl über seine Geräusche wie auch Bewegungen, dass er absolut satt auf der Schiene liegt – bei mehr als 260 km /h. Aber eben auch, dass er da ist und dass er arbeitet, man kann ihn spüren. Dieser so „spezielle" Eindruck entsteht im ICE-3 bei 300 km/h interessanterweise nicht; ich kann das nicht erklären, es ist einfach anders: gewöhnlich, alles glattgebügelt, ohne Emotion – unpersönlich. Der „1er" überzeugt eben, hat irgendwie Charakter, lebt – ähnlich wie eine Dampflok (obwohl man das nun wirklich nicht vergleichen kann). Ein vergleichbarer Fahreindruck zum ICE-1 ist eher der mit einem großrädrigen, satt auf der Schiene liegenden Schnellzugwagen mit absolut grandioser Laufruhe auch bei 200 km/h. Und das liegt natürlich daran, dass sich die Konstruktionen so sehr ähneln – beide sind grundsolide und haben Charakter (eben wie die Dampflok auch). Welch ein Unterschied z. B. zu einem Flirt-Triebzug – einem schüttelnden und jammernden, überaus unbequemen wie unpersönlichen „Etwas", an dem absolut rein gar nichts auch nur entfernt auf Eisenbahn hindeutet, rein gar nichts gibt es da zu „flirten".

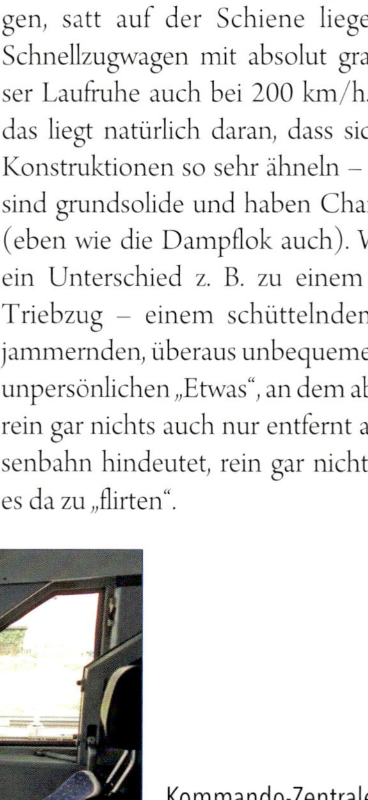

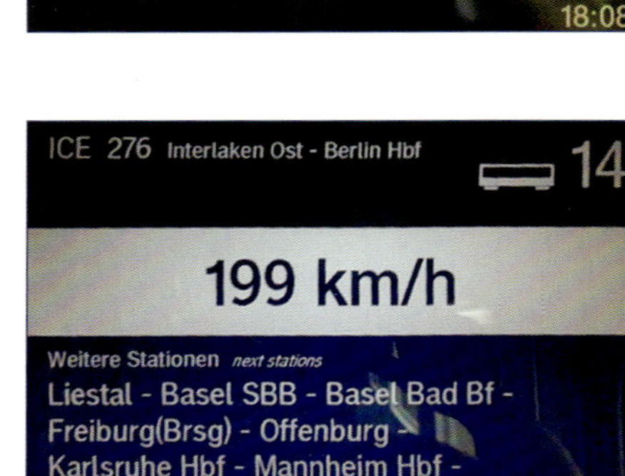

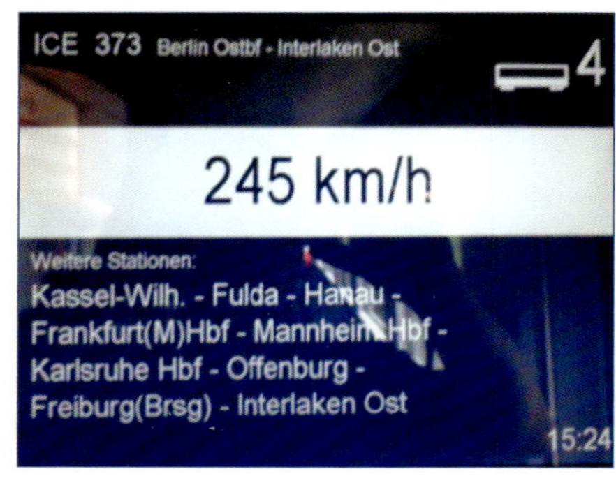

Kommando-Zentrale: Einblick in einen ICE-1-Führerstand – mehr Details gibt es nicht, aber dem Lokführer gilt mein allerherzlichster Dank.

Oben: Der Autor vor dem ICE-1-Triebkopf 401-586-3 „Chur" ICE Interlaken – Berlin, Basel SBB, 2019

Rechts: Im ICE-1-Führerstand bei 250 km/h ... Mehr Details dazu liefere ich nicht – außer meinen herzlichsten Dank dem Lokführer, der mir dieses phantastische Erlebnis ermöglichte.
Bild unten: ... da sind es „nur" 200 km/h.

Bilder oben Mitte: Blick aus dem Fenster auf der „Schweizer Rennstrecke" Bern – Olten bei 200 km/h (2020)
Bilder unten: Blick aus dem Fenster jenseits von 200 km/h auf den „ICE-Rennstrecken" Kassel – Fulda bzw. Berlin – Wolfsburg (2018)

Oben und unten: Szenen mit dem ICE 1 im extra errichteten „ICE-Bahnhof" an der „Rennstrecke" Kassel-Wilhelmshöhe, 2014;

Links: Zug-#78 „Bremerhaven", 2019

Der ICE-Bahnhof Kassel-Wilhelmshöhe, extra gebaut außerhalb des Stadt-Zentrums von Kassel zur Einbindung der Hochgeschwindigkeitsstrecke Würzburg – Fulda – Kassel – Hanover, eröffnet im Mai 1991 mit einer großen ICE-Sternfahrt, Foto: 2014. *Unten:* In Sichtweite des Bahnhofs findet sich das berühmte Herkules-Denkmal (Bild unten). Übrigens ist die Lok-Schmiede Henschel in Kassel beheimatet, Erbauer einer größeren Anzahl 218er wie auch der 01-202.

Unterwegs mit dem ICE-1

Hamburg – Nicht ganz der nördlichste Punkt, aber Ort der Beheimatung und Wartung

Links: Einfahrt ICE-1 Zug-#19 „Osnabrück" in den Hauptbahnhof von Hamburg (fremdbespannt mit Triebkopf 401-509-5), April 2017

Unten: Einfahrt des ICE-1 Zug-#16 „Pforzheim" in die stets imposante Halle von Hamburg Hbf, Juli 2019

Von Beginn an verkehrte der ICE-1 nach Hamburg – mehr noch: alle Garnituren wurden dort beheimatet und im extra gebauten, funkelnagelneuen ICE-Werk von Hamburg-Eidelstedt gewartet. So zählte die Nord-Süd-Verbindung quer durch die Republik von Hamburg nach München zu den ersten ICE-Linien überhaupt. Es gab sogar „ICE-Sprinter" auf dieser Relation mit nur wenigen Zwischenhalten. Hamburg ist jedoch nicht der nördlichste Punkt des ICE-Verkehrs; einzelne Züge der Relation (Chur) – Zürich – Hamburg verkehren weiter bis Kiel und passieren dabei (nach Richtungswechsel in HH-Altona) das ICE-Werk in Eidelstedt mit seinen Flügelsignalen.

Mit Sicherheit imposanter als jeder noch so schöne Zug ist jedoch die grandiose Halle von Hamburg Hbf aus dem Jahre 1906. Konstruiert im Sinne eines umgekehrten Schiffsrumpfes passt sie natürlich besonders gut in die maritim ausgerichtete Stadt an der Elbe. Leider Vergangenheit sind das ebenfalls imposante Empfangsgebäude samt Halle des Kopfbahnhofs Hamburg-Altona von 1898, die 1979 beide städtebaulichem Größenwahn zu weichen hatten, so wie das in unseren Tagen nun leider auch in Stuttgart passiert. Aber damit nicht genug: der Bahnhof Hamburg-Altona soll aktuell sogar ein weiteres Mal neu gebaut werden, ein Stück weiter nördlich, (nachdem er ganz zu Beginn bereits schon einmal leicht nach Süden „verschoben" worden war); nicht enden wollende Verirrungen unserer sogenannten „modernen" Zeit.

Ein weiterer, sehr imposanter Hamburger Bahnhof ist HH-Dammtor mit seiner in Hochlage erstellten Halle von 1903. Alle drei sind sie Fernbahnhöfe mit ICE-Halt. Übrigens, was viele nicht wissen: Hamburg Hbf ist der Bahnhof in Deutschland mit den höchsten täglichen Passagierzahlen – eben nicht die Knotenpunkte Frankfurt (Main) Hbf oder Köln Hbf wie man doch annehmen könnte. Und die Zug-Abfertigung in Hamburg Hbf ist bis in unsere heutigen Tage manuell und überaus menschlich-individuell geblieben. Nicht nur als Eisenbahn-Fan ist man entzückt, wenn man dem „live" beiwohnen darf. So sind die Stadt Hamburg und ihre Bahnhöfe stets aus mehreren Gründen eine Reise wert – und das immer wieder.

Rechts: ICE-1 BR 401-069/569 „Worms" der Relation Hamburg – Berlin – München bei der Ausfahrt aus der imposanten Halle von Hamburg Hbf, 2019 (Triebkopf 401-569-9)

Unten links: ICE-1 BR 401-010/510 „Gelsenkirchen" der Relation Hamburg – Berlin – München vor der Kulisse der Halle von Hamburg Hbf, 2019

Unten lrechts: ICE-1 BR 401-008/508 „Lichtenfels" der Relation Hamburg – Karlsruhe, auch hier vor der imposanten Kulisse der Halle von Hamburg Hbf, 2017

Links: Nein – nicht der „Nachtzug nach Lissabon", es ist der „Nachtzug nach Chur", der hier kurz vor Mitternacht im Hamburger Hauptbahnhof einläuft. ICE-1 BR 401-083/583 „Timmendorfer Strand" wird die ganze Nacht durchfahren, um gegen Mittag im bündnerischen Chur das Ziel seiner mehr als 1100 km langen Reise vom Norden Deutschlands bis in die Schweizer Alpen zu erreichen (Triebkopf 401-083-1, Hamburg Hbf, Juli 2019)
Rechts: Tagsüber dürfen im ICE-1 mangels geeigneter Stellplätze keine Fahrräder mitgenommen werden – im „Nachtzug" ist es erlaubt. Wo genau die aber stehen und wie man daran noch vorbeikommt in den dafür nicht gedachten Gängen, das habe ich nicht genauer verfolgen können.

Die Lombards-Brücke teilt die Hamburger Alster in Binnen- & Außen-Alster und wartet neben den Straßen- & Bahngleis-Verbindungen auch mit einer schönen Parkanlage auf. ICE-1 BR 401-082/582 „Rüdesheim" überquert das Bauwerk im Juli 2019. Die Gleise verbinden den Hbf mit HH-Dammtor und von dort geht es weiter (via HH-Altona oder daran vorbei) in Richtung Kiel oder Flensburg beziehungsweise nach Dänemark.

ICE-1 Zug-#19 „Osnabrück" ebenfalls auf der Hamburger Lombards-Brücke aus einem anderer Blickwinkel (2019)

ICE-1 BR 401-058/558 „Gütersloh" (Hamburg-Dammtor, Juli 2019)

Am Ziel einer langen Reise: ICE-1 BR 401-073/573 „Basel" bei der Einfahrt nach Hamburg-Altona, Juli 2019. Der aus der Schweiz hier einlaufende Zug hat eine Reise von mehr als 1000 km hinter sich und hat sich eine Verschnaufpause im Werk HH-Eidelstedt mehr als verdient.

Nach dem Abriss des unglaublich schönen wie stattlichen Empfangsgebäudes und der imposanten Halle von 1898 in den 1970ern hat der Bahnhof Hamburg-Altona nichts, auch rein gar nichts mehr an sich, was ein Foto wert wäre. So bleibt, die Züge in Szene zu setzen: Impressionen mit dem ICE-1 am Bahnsteig von Hamburg-Altona, Juli 2019.

Die beiden Triebköpfe 401-070-8 *(links)* und 401-511-1 *(rechts)* mit ihren jeweiligen Garnituren in Hamburg-Altona, Juli 2019

ICE-1 BR 401-070/570 macht sich auf den Weg „zum Frisch-machen" Richtung HH-Eidelstedt. Der Stellwerks-Turm ist einziges Relikt aus des Bahnhofs besseren Zeiten (HH-Altona, Juli 2019)

ICE-1 BR 401-011/51´ am Bahnsteig von Hamburg-Altona, Juli 2019 (Triebkopf 401-511-1)

Der ICE-1 und der neue „Glas-Palast" an der Spree: links ICE-1 BR 401-018/518 „Gelnhausen" zur Abfahrt bereit Richtung Basel SBB, rechts ICE-1 BR 401-076/576 fast am Ende des Langlaufes Interlaken-Ost – Berlin-Ost-Bhf. Foto: Berlin Hbf (Lehrter Bahnhof), Sommer 2018

Vor 20 Jahren: ein ICE-1 (noch mit dem zweifarbigen Zierstreifen) auf der Berliner Stadtbahn, 2001. Man beachte das Dampf-Schiff.

Mit dem ICE nach Berlin ging es nicht von Beginn an. Als 1989 die ICE-1 der Baureihe 401 ihre ersten „Gehversuche“ machten, gab es noch den unsäglichen „eisernen Vorhang“, der dann völlig überraschend gegen Ende des Jahres plötzlich und, Gott sei's gelobt, zur Vergangenheit wurde. Als dann der ICE-Verkehr im Mai 1991 fahrplanmäßige Tatsache wurde, war die Realisierung leistungsfähiger West-Ost-Verbindungen in Deutschland noch lange nicht vollendet, der Hochgeschwindigkeitsabschnitt östlich von Wolfsburg ging erst 1998 in Betrieb. Zunächst wurde Berlin nur im dieselbespannten IR- & IC-Betrieb erreicht (wofür 1996/97 einige Exemplare der Baureihe 218 für 160 km/h ertüchtigt wurden). Eine erste ICE-Verbindung erreichte 1993 den Behelfs-Halt Michendorf vor den Toren Berlins, von wo umgestiegen werden musste auf Shuttle-Züge. Ab Mai 1993 erreichte der ICE Berlin-Zoo und erst ab 1998 konnte er die Stadtbahn befahren bis zum großen Ost-Bahnhof, der damals (noch aus DDR-Zeiten) als Hauptbahnhof fungierte. Erst seit 2006 gibt es den neuen Hauptbahnhof anstelle des Lehrter Bahnhofs beim Reichstags-Gebäude und der Ost-Bahnhof ist seither wieder der Ost-Bahnhof. Er ist aber weiterhin Endpunkt der ICE-Züge aus Süden und Westen. Eine lange Tradition seit 1992 haben die ICE-Verbindungen von der Schweiz nach Deutschland, richtige 1100 km-Langläufer zunächst nach Hamburg und später auch nach Berlin. Das 25-Jahr-Jubiläum dieser Verbindungen wurde 2017 begangen, wofür einige Triebköpfe Jubi-Aufkleber erhielten für „25 Jahre ICE-Verkehr Deutschland – Schweiz 1992 – 2017“.

ICE-1 BR 401-007/507 „Plattling“ der Relation Berlin-Ostbahnhof – Frankfurt (Main) Hbf bei der Einfahrt in den Hauptbahnhof von Berlin (2018)

Das Untergeschoss (Berlin Hbf tief) ist deutlich weniger repräsentativ als der „Glaspalast im Hochparterre" über der Spree: ein ICE-2 und ICE-1 BR 401-020/520 „Lüneburg" (auf beiden Fotos dieser Seite zu sehen) ,stehen zur Abfahrt bereit. Interessantes Detail: am Abend werden sich dann Zug-# 07 „Plattling" (s. Fotos aus der Glashalle) und Zug-#20 „Lüneburg" in Frankfurt (Main) Hbf am selben Bahnsteig begegnen. Beide Fotos dieser Seite: Berlin Hbf tief, Juli 2018

Ulm – Eindrücke

Ulm Hauptbahnhof ist „nur“ eine Durchgangsstation für die ICE von/nach München Hbf. Da es aber in Richtung Norden verschiedene Möglichkeiten für Fern-Verbindungen innerhalb Deutschlands gibt, sind die Fahrtziele entsprechend unterschiedlich und die Anzahl der Abfahrten häufig; auch verkehren hier fast alle der unterschiedlichen ICE-Typen.

Einfahrt „über Umwege" von ICE-1 Zug-#56 „Heppenheim/Bergstraße" in den seit Jahren von Baustellen geplagten Ulmer Hauptbahnhof, 2019, Triebkopf 401-056-7

Ausfahrt in Richtung München: ICE-1 BR 401-005/505 „Offenbach am Main", Ulm Hbf, 29.12.2015, Triebkopf 401-505-3

ICE-1 BR 401-002/502 „Jever", Ulm Hbf, 2019, Triebkopf 401-502-0 – am Zugschluss ist zu erkennen, dass auch diese hier eine Einfahrt „über Umwege" ist ...

... Ausfahrt in Richtung München: ICE-1 BR 401-055/555 „Rosenheim", Ulm Hbf 2017, Triebkopf 401-055-9

Das Ulmer InterCity-Hotel an Gleis 1, hier mit ICE-1 401-001/501 „Gießen", 2016, Triebkopf 401-501-2

ICE-1 401-054/554 „Flensburg" in Ulm Hbf, Gleis 2, 2016, Triebkopf 401-554-1. Fahrtziel ist München.

ICE-1 BR 401-016/516 „Pforzheim" beim Halt in Ulm Hbf, Dez. 2015

ICE-1 BR 401-069/569 „Worms" beim Halt in Ulm Hbf, 2016, Triebkopf 401-569-9

München – Eindrücke

München Hbf war von Beginn an Bestandteil des ICE-Netzes; die Züge fuhren via Ulm, Stuttgart, Mannheim und Frankfurt nach Hamburg oder nahmen den Weg via Würzburg und Nürnberg bis in die Hansestadt an der Elbe. Später ging es dann auch nach Berlin und für kurze Zeit auch nach Wien. Mit einigen wenigen Wochenend-Relationen wurde von Hamburg her auch Garmisch-Partenkirchen und sogar Innsbruck im österreichischen Tirol erreicht – dies via Karwendelbahn und Martinswand.

Oben: ICE-1, Zug-#52 „Hanau" in München Hbf, 2019, Triebkopf 401-552-5

ICE-1 BR 401-010/510 „Gelsenkirchen" hat sein Fahrtziel München Hbf erreicht, Februar 2015 Triebkopf 401-510-3

An meinem 50. Geburtstag: ICE-1 BR 401-076/576 in der Abstellung von München Hbf, Triebkopf 401-576-4, 08.02.2015

Wahrlich kein Aushängeschild, trotz neuer Bugklappe: ICE-1 Zug-#52 „Hanau" in München Hbf, 2019, Triebkopf 401-052-6

Frankfurt am Main – Kein Weg vorbei für die schweiztauglichen ICE-1

Alle ICE 1 mit Zielen von und nach der Schweiz, sei es Basel, Zürich, Chur oder Interlaken-Ost am südlichen bzw. Hamburg oder Berlin am nördlichen Ende der Reise müssen über Frankfurt am Main. Die Mainmetropole selbst interessiert mich nicht sonderlich, hat sie doch etwas von einem europäischen Ableger von Manhattan (= Main-hattan). Aber: „ ... ich war noch niemals in New York – und ich will auch nicht dort hin !"

Der Hauptbahnhof jedoch mit seiner imposanten wie altehrwürdigen Halle, der ist interessant, wie die folgenden Bilder dieser Seiten sehr eindrücklich zeigen.

Allein die Werbeschrift reicht aus, die Bahnhofshalle zu erkennen (so wie in München, Leipzig oder auch in Köln): Frankfurt am Main Hbf, 2018 hier mit ICE-1 Zug-#76, vorne fremdbespannt mit Triebkopf BR 401-081-5.

Auf dem Bild rechts sieht man die Prellbock-Seite der Halle und denselben Zug. Allerdings führt die hier gezeigte Werbeschrift an der Frontseite der Halle das Auge des Betrachters in die Irre. Also aufgepasst: wir sind in Frankfurt!

ICE-1-Impressionen aus Frankfurt am Main Hbf mit der Skyline von „Main-hattan“: oben: ICE-1-Zug#13 „Frankenthal/Pfalz“, vorne fremdbespannt mit ICE-2-Triebkopf BR 402-045-9, 2018. Unten ist die Skyline von „Main-hattan“ zur blauen Stunde mit ICE-1 Zug-#20 „Lüneburg“ (li.) & Zug-#07 „Plattling“ (re.), 2018 zu sehen.

ICE-1, Zug-Nr. 13 „Frankenthal/Pfalz" in der Halle von Frankfurt (Main) Hbf, 2018. Hier zu sehen Triebkopf 401-513-7; auf der anderen Seite außerhalb der Halle ist der ICE-Ersatz-Triebkopf der Baureihe 402 vorgespannt, 402-045-9. Rechts: ICE-1 Zug-# 59 „Bad Oldesloe" in Frankfurt (Main) Hbf, 2018, Triebkopf 401-059-1

Das markante Stellwerk direkt vor der Halle zwischen Gleis 9 und 10; hier zu sehen mit Zug-Nr. 74 „Zürich" an Gleis 9 (rechts ein ICE-T), 2019 (im Rücken des Betrachters links stehen die beiden Abschlepp-Loks der Baureihe 218-8 für den ICE-Verkehr.)

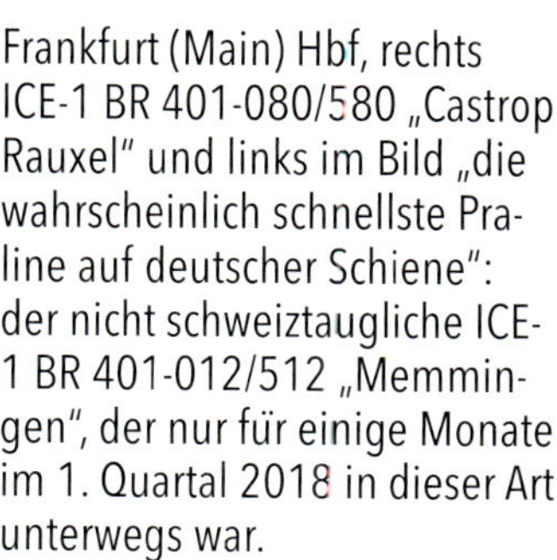

Frankfurt (Main) Hbf, rechts ICE-1 BR 401-080/580 „Castrop Rauxel" und links im Bild „die wahrscheinlich schnellste Praline auf deutscher Schiene": der nicht schweiztaugliche ICE-1 BR 401-012/512 „Memmingen", der nur für einige Monate im 1. Quartal 2018 in dieser Art unterwegs war.

Genau im richtigen Moment und im richtigen Winkel in der Halle: ICE-1, Zug-# 16 „Pforzheim", aufgenommen aus einer offenen Tür von Zug-# 19 „Osnabrück" beim Aufenthalt in Frankfurt (Main) Hbf, Oktober 2017

Einfahrt von ICE-1, Zug-# 20 „Lüneburg" nach Frankfurt (Main) Hbf zur „blauen Stunde", Juli 2018, Triebkopf 401-520-2. Den zu dieser Garnitur gehörenden Triebkopf 401-020-3 gibt es nach einem Brandschaden nicht mehr. Auf der anderen Seite dieses Zuges läuft normalerweise dauerhaft der nach dem Unfall von Eschede als einziges Fahrzeug unversehrt gebliebene Triebkopf 401-051-8, hier und heute ist es aber 401-019-5.

Ausnahmsweise mal keine verunstaltende Graffiti, sondern eine „blaue Welle" am ganzen Zug: ICE-1 Zug-# 88 „Hildesheim", Frankfurt 2018

„Scheiben-Service" für den schweiztauglichen ICE-1 BR 401-086/586 „Chur", Frankfurt (Main) Hbf, 2018, Triebkopf 401-586-3

Sonderaktion von Ferrero Anfang 2018: in Analogie zur „wahrscheinlich längsten Praline der Welt" verkehrte ICE-1 #12 „Memmingen" in der Zeit von Januar bis März 2018 mit einer originellen Sonderbeklebung für die „wahrscheinlich schnellste Praline auf deutscher Schiene", hier Triebkopf 401-012-0 in Frankfurt (Main) Hbf, März 2018

Rechts Mitte: Ein ICE-2-Triebkopf an einem ICE-1: Zug-# 13 „Frankenthal/Pfalz", einseitig fremdbespannt mit 402-045-9, Frankfurt (Main) Hbf, 2018

Nachts in der Halle von Frankfurt (Main) Hbf: ICE-1 Zug-# 68 „Crailsheim", Okt. 2015, Triebkopf 401-568-1

ICE-1 BR 401-084/584 „Bruchsal" am Bahnsteig in Frankfurt (Main) Hbf, 2019

„Mein" ICE-1: Zug-# 74 „Zürich" in Frankfurt (Main) Hbf, 2019 (links: Triebkopf 401-574-9)

Nach Süden zur Schweizer Grenze: Mannheim, Karlsruhe und Offenburg

Mannheim ist Systemhalt und Knotenpunkt mehrerer ICE-Linien. Zumeist können die Reisenden den Anschluss-ICE am selben Bahnsteig gegenüber besteigen. Es treffen sich hier die mit ICE-1 und ICE-4 bedienten Linien von München via Ulm und Stuttgart nach Hamburg wie auch von Berlin via Frankfurt nach Basel und weiter in die Schweiz; darüberhinaus die mit ICE-3 bedienten Linien Richtung Ruhrgebiet und nach Frankreich.

ICE-1 BR 401-019/519 „Osnabrück" beim Halt in Mannheim, 2017, Triebkopf 401-519-4

ICE-1 BR 401-008/508 „Lichtenfels" beim Halt in Mannheim, 2018

ICE-1 BR 401-074/574 „Zürich“ beim Halt in Mannheim, 2018, Triebkopf 401-574-9

ICE-1 BR 401-077/577 „Rendsburg“ (Berlin – Interlaken) bei der Einfahrt nach Karlsruhe Hbf, Sept. 2019, Triebkopf 401-077-3

ICE-1, Zug-#06 „Itzehoe“ (vormals „Plattling“) beim Halt in Karlsruhe Hbf, März 2018, Triebkopf 401-506-1

ICE-1 BR 401-089/589 beim Halt in Mannheim, 2019, Triebkopf 401-589-7

Sowohl die Halle wie auch das Empfangsgebäude von Karlsruhe Hbf sind außerordentlich schön – es lohnt sich, das in Ruhe anzuschauen. Am Bahnsteig ICE-1 Zug-#17 „Hof", der am Ende der 1. Klasse jedoch Wagen-#14 von Zug-#53 „Neumünster" führt, September 2019

ICE-1 Zug-#77 „Rendsburg" beim Halt in Offenburg, 2019, Triebkopf 401-077-3

ICE-1 Zug-#80 „Castrop Rauxel" Offenburg, 2019, Triebkopf 401-080-7

ICE-1, Zug-#75 der Relation Interlaken – Hamburg beim Halt in Offenburg, 2014 (Triebkopf 401-075-7). Ab dem Jahre 2016 sollte hier mit dem Tausch der Garnituren #11 & #75 fortan der Name „Nürnberg" zu den Triebköpfen 401-075/575 gehören.

ICE-1 BR 401-077/577, Offenburg 2019

Der ICE-1 und die Bahnhöfe von Basel

Basel Badischer Bahnhof ist nur ein kurzer Zwischenstop für die ICE-Züge, auch für jene, die in Basel SBB enden. So lautet denn auch stets die Durchsage im Zug (sinngemäß) „... Reisende mit Zielen in der Schweiz, Frankreich oder Italien steigen bitte erst beim zweiten Halt in Basel SBB um ...".

In Basel Bad. Bf. steigt also nur aus, wer Ziele im südwest-deutschen Dreiländereck hat. Für die Züge hingegen gibt es hier eine Werkstatt, auch ICE erhalten hier kleinere Wartungen.

An diesem Tag unterwegs ins Berner Oberland: „mein" ICE 401-074/574 „Zürich" als ICE 371 Berlin – Interlaken-Ost beim Eintritt in die Schweiz. Etwa 920 km hat der schöne Zug an dieser Stelle heruntergespult – und das pünktlich (wovon ein CIS/ETR meistens nicht mal träumen kann!). Von der ehemals prachtvollen Bahnhofshalle hier in Basel Bad. Bf. steht seit den 1970ern leider nur noch der Uhrenturm *Foto: 2016*

Der nicht schweiztaugliche ICE-1 BR 401-064/564 unterwegs von Basel SBB in Richtung Deutschland, hier beim Halt in Basel Bad. Bf. (2016) (in der Garnitur ist ein 1. Kl.-Wagen weniger eingereiht als üblich).

Nochmals „mein“ ICE-1 Zug-#74 „Zürich“ der Relation Berlin – Interlaken-Ost beim Halt in Basel Bad. Bf., Mai 2019, Triebkopf 401-574-9

Unterwegs nach Chur: ICE-1 401-088/588 „Hildesheim“ als ICE 75 Hamburg – Chur bei der „Einreise“ in die Schweiz (Basel Bad. Bf. 2016); etwa 860 km hat der 25 Jahre alte Zug an dieser Stelle mit bis zu 270 km/h heruntergespult – und das zuverlässig und pünktlich!

ICE-1 Zug-#83 „Timmendorfer Strand“ zur Abfahrt bereit in Richtung Berlin. Basel SBB, 2017 Triebkopf 401-583-0

ICE-1 Zug-#04 „Fulda", Basel SBB 2017, 401-004-7

ICE-1 BR 401-017/517 „Hof", Basel SBB 2014 401-017-9

ICE-1 Zug-#77 „Basel" hat Interlaken zum Ziel. Der Zug wird dann ab 2016 (als vorerst einziger) äußerlich leicht umgestaltet werden und dabei mit „Rendsburg" einen anderen Namen erhalten. Der Name „Basel" wird sodann übergehen auf Zug-#73. (Basel SBB, Dez. 2015, 401-577-2). Das Foto rechts zeigt den nicht-schweiztauglichen ICE-1-#10 „Gelsenkirchen" mit Fahrtziel Berlin (Basel SBB, Dez. 2015, 401-510-3). Beide Züge stehen sich am selben Bahnsteig gegenüber.

Basel SBB – Gleiswechsel für den ICE-1, ab hier herrscht Links-Verkehr

Basel SBB hingegen ist ein großer Knotenpunkt für alle ICE-Verbindungen – sowohl für die, welche von Deutschland her hier beginnen oder enden als auch für jene, die über Basel hinaus weitere Ziele in der Schweiz ansteuern wie Zürich, das bündnerische Chur, Bern oder Interlaken im Berner Oberland. Die Linien hinein in die Schweiz wurden bis Sommer 2020 mit ICE-1 bedient, seither mit ICE-4. Dennoch ist der ICE-1 auch weiterhin in Basel SBB präsent, da sich der südwestliche Endpunkt der innerdeutschen Fernverkehrslinien in Basel SBB befindet. So sind denn auch verschiedene ICE-Baureihen hier zu beobachten – auch jene, die nicht schweiztauglich sind, da das Teilstück zwischen Basel Bad. Bf. und Basel SBB auch von Lokomotiven ohne Schweiz-Zulassung befahren werden darf. Die Linien in Richtung Hamburg und Kiel einerseits sowie nach Berlin andererseits werden ab Basel mit ICE-1 und ICE-4 bedient, die Linien Richtung Köln und Niederlande mit ICE-3. Die Baureihen ICE-2 und ICE-T finden sich hingegen nur sporadisch im „Ersatz-Verkehr“ in Basel ein, soweit dann nicht sowieso lokbespannte IC-Garnituren der DB zum Einsatz kommen. Der ICE-3 hätte übrigens auch eine Schweiz-Zulassung, auf die aber nicht zurückgegriffen wird. Der Velaro Baureihe 407 (eine Weiterentwicklung des ICE-3) zeigt sich als einzige ICE-Baureihe bisher rein gar nicht in Basel SBB.

Die Ziele innerhalb der Schweiz bedeuten für die ICE ab Basel SBB einen Gleiswechsel, denn in der Schweiz herrscht auf der Schiene Linksverkehr.

Schlussendlich seien noch die Verbindungen nach Frankreich ab Bâle SNCF erwähnt, deren Gleise sich ebenfalls auf dem Gelände von Basel SBB befinden. Durchgehende Verkehre Zürich – Paris werden mit dem TGV gefahren, ansonsten wird umgestiegen auf die innerfranzösischen IC- & TER-Verbindungen, die sich an den Stumpfgleisen hinter der Passkontrolle befinden. Die ICE-3 verkehren ab Basel nicht nach Frankreich (obwohl sie das könnten).

In eigener Sache sei noch ergänzt, dass ich – neben Thun (siehe dort) – sicherlich hier vom Bahnhof Basel SBB die meisten ICE-Fotos habe; das liegt nicht nur an dem eleganten Zug, sondern an dieser fantastischen Halle hier, in der ich mir bei jedem Besuch immer sehr viel Zeit nehme, Züge zu beobachten und Fotos zu machen.

Auch wenn der ICE häufiger Gast in Basel SBB ist – zwei am selben Bahnsteig gegenüber und auch noch unter dem Mittelschiff der grandiosen Halle, das ist doch eher selten. Am 04. Dezember 2015 gegen Mittag war es aber so: links ICE-1 Zug-#10 „Gelsenkirchen“ mit Fahrtziel Berlin, rechts der schweiztaugliche ICE-1 Zug-#77 „Basel“ mit Fahrtziel Interlaken.

Ein eher seltener Gast in Basel: ICE-1 401-015/515 „Regensburg", Basel SBB 2014 401-515-2

Der Älteste (und an diesem Tag wohl „schmutzigste"): ICE-1 BR 401-001/501 „Gießen", Basel SBB 2015 401-501-2

Zug „vor dem Haus" – aber doch in der Halle: ICE-1 Zug-#84 „Bruchsal", Basel SBB 2016, Triebkopf 401-584-8

Gleis 11 gegen 14:00 Uhr: der ICE nach Berlin (heute ICE-1 Zug-#56 „Heppenheim/Bergstraße", Basel SBB 2017, 401-556-6)

Morgens Viertel vor 9: Ankunft des „Nachtzuges" aus Hamburg (dort ab 23:45 Uhr) zur Weiterfahrt nach Chur, Zug 81 „Interlaken", Basel SBB 2017

Die Szene an Gleis 12 lässt (wie an Gleis 11) immer wieder interessante Vergleiche zu: Zug-#77 „Rendsburg" (ex „Basel"), 2016, 401-577-2.

Und hier der namenlose Zug-#64, ebenfalls Basel SBB Gleis 12, 2016, Triebkopf 401-564-0.

ICE-1 Zug-#53 „Neumünster", Basel SBB 2016

An Gleis 11 sind die Lichtverhältnisse stabiler als an Gleis 12 außerhalb der Halle, sodass hier sehr gut Vergleichs-Aufnahmen angefertigt werden können; ICE-1 Zug-#68 „Crailsheim", vorne fremdbespannt mit Triebkopf 401-571-5 („Heusenstamm"), Basel SBB 2017.

Ausfahrt ICE-1 Zug-#88 „Hildesheim" aus Basel SBB, 2017. Der von Deutschland her gekommene Zug ist nach dem Richtungswechsel zu einem Ziel in der Schweiz unterwegs – erkennbar daran, dass der CH-Stromabnehmer gehoben ist ,Triebkopf 401-088-0.

Einfahrt ICE-1 401-077/577 „Rendsburg" der Relation Zürich – Hamburg in den Bahnho- Basel SBB, 2019, 401-577-2

Wieder ein gefälliges Motiv: der auf Gleis 11 gegen 14: 00 Uhr bereitgestellte ICE mit Fahrtziel Berlin. Es passt einfach alles, Standort des Triebkopfes an der Abfahrtstafel, Betrachtungswinkel, Licht. So lassen sich unterschiedliche „Verschmutzungsgrade" der Triebköpfe sehr schön darstellen, so wie hier auf dem Bild oben Zug ICE-1-#19 „Osnabrück" mit dem stark verschmutzten Triebkopf 401-519-4 im Jahre 2017 und auf dem Bild unten Zug-#20 „Lüneburg" mit dem blitzsauberem Triebkopf 401-520-2 im Jahre 2018.

Internationaler Langläufer: ICE-1 Zug-#89 der Relation Interlaken-Ost – Hamburg-Altona beim Halt & Richtungswechsel in Basel SBB, 2019.

Die speziellen Türen des ICE-1 – optisch wie akustisch (vor allem akustisch: keine andere Zugtür schließt mit derart sattem Klang) Fotos: Basel SBB; 2013.

Szene mit ICE-1 401-086/586 „Chur" der Relation Interlaken – Frankfurt (Main) Hbf in Basel SBB, 2018. Eigentlich ist das der ICE Interlaken – Hamburg, aber an manchen Tagen verkehrt der Zug nur bis Frankfurt, so wie hier, Triebkopf 401-586-3.

ICE-1 401-062/562 „Geisenheim/Rheingau" in Basel SBB steht bereit zur Abfahrt in Richtung Deutschland, 2018, 401-562-4

Stimmungsvolle Aufnahmen mit Streiflicht (oben, 2017) und zur blauen Stunde (unten, 2016), beide Male mit ICE-1 Zug-#90 „Ludwigshafen am Rhein" in Basel SBB, auf dem unteren Bild zu sehen Triebkopf 401-590-5

ICE-1 Zug-#73 „Basel" nach der Ankunft von Hamburg her in Basel SBB, März 2018. Nach Richtungswechsel verkehrt der Zug weiter nach Zürich.

ICE-1 Zug-#73 „Basel" nach Richtungswechsel (von Hamburg her gekommen) bereit zur Weiterfahrt nach Zürich, Basel SBB, März 2018.
Hier zu sehen Triebkopf 401-073-2; auf der anderen Seite ist der Zug heute fremdbespannt mit Tiebkopf 401-086-4 von Zug „Chur").

Als Basel SBB noch eine „ICE-1-Hochburg" war: Züge-#82 „Rüdesheim" & -#60 „Mühleim a.d. Ruhr" am selben Bahnsteig, Basel SBB November 2019.
Links zu sehen Triebkopf 401-582-2; der Zug rechts ist fremdbespannt mit Triebkopf 401-071-6 von Zug „Heusenstamm")

Seit Sommer 2020 verkehren die ICE-1 nicht mehr zu Zielen innerhalb der Schweiz, sondern sie wenden in Basel SBB. Zug-# 86 „Chur" bei der Ankunft von Berlin her (Bild oben, Triebkopf 401-586-3) und auf dem Bild unten Triebkopf 401-086-4 nach Richtungswechsel bereit zur Rückfahrt nach Berlin, Basel SBB, 27. Juni 2020.

ICE-1- Zug-#82 „Rüdesheim", Basel SBB 2019, Triebkopf 401-582-2

ICE-1- Zug-#86 „Chur" der Relation Interlaken-Ost – Berlin nach dem Richtungswechsel in Basel SBB, 2019, Triebkopf 401-586-3.

Wir schreiben das Jahr 2021. Die wenigen ICE-1, die Basel SBB noch erreichen, wenden hier und fahren zurück in Richtung Deutschland mit Fahrtzielen in Hamburg oder Berlin. Hier ist es ICE-1 401-001/501 „Gießen" bei der Einfahrt nach Basel SBB von Berlin her kommend, führend der Triebkopf 401-001-3. Auf dem Bild unten ist nach dem Richtungswechsel der nun führende Triebkopf 401-501-2 bereit für die Rückfahrt nach Berlin, Basel SBB, August 2021.

Triebkopf 401-501-2 ist gerade eben zum Stillstand gekommen; es folgt der Richtungswechsel (siehe Bild links unten). Nach nur kurzem Aufenthalt in Basel SBB (Bild Mitte) fährt der Zug wieder aus in Richtung Berlin-Ostbahnhof, Bild unten mit 401-501-2. Basel SBB, August 2021

Zum Fahrplanwechsel 2015/16 verlor das Berner Oberland die Hälfte seiner ICE-1-Verbindungen und leider auch die ICE-Doppelausfahrt aus Bern 13:04 Uhr. Auch von den drei täglichen ICE-Begegnungen am Thunersee zwischen Einigen und Spiez blieb nun nur eine übrig: abends gegen 21:30 Uhr. Die aus dem Berner Oberland abgezogenen Züge fanden neu ihren Weg über das auch bisher bereits angesteuerte Zürich hinaus bis ins bündnerische Chur, wofür die lustigen, aus der Werbung für Schweiz-Tourismus bekannten bündner Steinböcke „nur für kurze Zeit“ (etwa bis Januar 2016) auf zumindest einen der ICE-Triebköpfe aufgeklebt worden waren zusammen mit der coolen Frage „Bock auf Graubünden?“

Das Foto zeigt die Seitenwand des 401-086-4 mit dieser Beklebung im Januar 2016, die zu diesem Triebkopf gehörende, bisher namenlose ICE-Garnitur #86 wurde extra auf den Namen „Chur“ getauft. Ende 2017 erhielten der Triebkopf 401-086-4 und drei weitere erneut einen temporären Aufkleber, dieses Mal anlässlich des Jubiläums 25 Jahre ICE-Verkehr Deutschland – Schweiz 1992 – 2017. Und 2021 sollte dieser Triebkopf abermals eine Sonderbeklebung erhalten zu 30 Jahre ICE.

Zurück zur ICE-Anbindung Graubündens: ein Teil der in die Schweiz gelangenden ICE-1 verschmähen nun also den Thunersee, nehmen aber den mindestens so schönen Laufweg mit landschaftlichen Höhepunkten am Zürichsee, vor allem aber am Walensee mit den mächtigen Churfirsten. Die Reise führt über Ziegelbrücke (dort jedoch leider ohne Halt), Sargans und Landquart in die Hauptstadt Graubündens, wo nun neu vom InterCity-Express auf den berühmten Glacier-Express der Rhätischen Bahn umgestiegen werden kann – dies jedoch leider mit einer halben Stunde Taktverschiebung.

Einer internationalen Fernverbindung würdig befährt der ICE in Zürich HB die schöne Halle des Kopfbahnhofs; die Laufwege gehen bis Chur beziehungsweise über Basel SBB bis Hamburg-Altona oder sogar bis Kiel. Darüberhinaus gibt es (wie im Berner Oberland auch) schweizinterne Umläufe zwischen Zürich und Basel.

ICE-1 Zug-#81 „Interlaken“ wird bereitgestellt, um 17:00 Uhr die letzte ICE-Verbindung des Tages nach Hamburg zu leisten. Um 19:00 Uhr wird nochmals ein ICE Zürich HB verlassen, jedoch nur bis Frankfurt a.Main Hbf.:Zürich HB, Oktober 2018, Triebkopf 401-081-5

ICE-1 BR 401-076/576 steht bereit, um 17:00 Uhr die letzte Verbindung des Tages bis nach Hamburg-Altona zu leisten. Zürich HB, April 2015

An diesem sonnigen Spätherbsttag ist es ICE-1 Zug-#81 „Interlaken", der um 17:00 Uhr in Richtung Hamburg aufbrechen wird. Zürich HB, Oktober 2018, Triebkopf 401-581-4

Einfahrt des ICE-1 BR 401-085/585 „Freilassing" von Frankfurt (Main) Hbf her kommend in die Halle von Zürich HB, April 2015, 401-585-5. Der um 11:00 Uhr auf Gleis 11 eingelaufene Zug wird um 12:00 Uhr in Richtung Hamburg-Altona aufbrechen.

Einfahrt von ICE-1 BR 401-073/573 „Basel" der Relation Chur – Zürich – Basel – Hamburg in den Hauptbahnhof von Zürich, 2019 401-573-1.

Zwei hochwertige Fernverkehrs-Garnituren in Zürich HB, an den Prellböcken der Gleise 15 & 16 im Februar 2018, kurz vor 17:00 Uhr. Links steht ICE-1 BR 401-079/579, bereit zur Abfahrt um 17:00 Uhr in Richtung Hamburg-Altona, Triebkopf 401-579, rechts die EC-Garnitur des EC 8/9 Zürich – Hamburg (bis 2015 sogar Chur – Hamburg), die heute Abend aber nur bis Basel SBB fährt.

Zwischen Walensee und Zürichsee liegt der sehr betriebsame Verzweigungs-Bahnhof Ziegelbrücke mit der imposanten Stahlbrücke über die Linth in der westlichen Bahnhofsausfahrt: Durchfahrt des ICE-1 BR 401-084/584 „Bruchsal" der Relation Chur – Hamburg, Ziegelbrücke, Sommer 2016.

Nicht mehr so sehr weit entfernt vom Ziel: ICE-1 BR 401-085/585 „Freilassing" der Relation Hamburg – Chur in der wunderschönen Stahlbrücke über die Linth (Bild Mitte) sowie (Bild links) in der Durchfahrt durch die Verzweigungs-Station Ziegelbrücke, Sommer 2016. Auf die Reisenden wartet nun die spektakuläre Passage des Walensees und der Churfirsten.

Schon fast legendär: Die ICE-1-Doppelausfahrt aus Bern

Der Bahnhof von Bern ist eigentlich keine Erwähnung wert. Wo es einmal ansprechende Einzelüberdachungen der in einer Kurve gelegenen Bahnsteige gegeben hatte, wurde in den 1960er-Jahren ein Betondeckel für eine Innenstadt-Überbauung darüber gelegt. So entstand eine „Halle", die den Besucher der schweizerischen Bundes-Hauptstadt mit einer „einzigartigen", grausam düsteren Kelleratmosphäre im Erdgeschoss empfängt. Es war übrigens die Zeit, als u. a. in Bern gedreht wurde für den damaligen James Bond 007 „Im Geheimdienst Ihrer Majestät" mit seinem grandiosen Finale auf dem Schilthorn. In der Szene, in der 007 Akten aus einer Kanzlei im Hotel Schweizerhof beschafft, sieht man auch die Bahnhofs-Baustelle. Wirklich schön am Bahnhof Bern ist der neue West-Eingang aus den 2000er-Jahren, die „Welle von Bern"; wann immer möglich, versuche ich den Bahnhof auf dieser Seite zu betreten.

Wirklich einzigartig – ja fast schon legendär ist die ICE-1-Doppelausfahrt von Bern, die es hier über viele Jahre täglich um 13:04 Uhr zu genießen gab. Nicht irgendwo in Deutschland, nein in der Hauptstadt der Schweiz gab es Gelegenheit, zwei ICE-1 relativ nah beieinander gleichzeitig ausfahren zu sehen. Das war ein wirklich beeindruckendes Schauspiel, beginnend mit dem satten Klang der Türen, dem unter dem Betondeckel verstärkten „Sound" der Lüfter der Triebköpfe, die quietschenden Räder in den engen Gleisbögen und dann der Blick hinter den Zügen her in Richtung Lorraine-Brücke. Der ICE erreicht Bern auf seinem Weg von Basel her in Richtung Interlaken im Berner Oberland. Seit Dezember 2015 ist die Doppelausfahrt jedoch Geschichte und seit Juni 2020 wurde der ICE-1 leider durch den ICE-4 ersetzt.

Im Bahnhof Bern müssen alle in den „Keller", auch der ICE: ICE-1 Zug-Nr. 74 „Zürich" (rechts) steht schon bereit für die Doppelausfahrt, Zug-Nr. 76 (links) muss hingegen noch die Fahrtrichtung wechseln. Sodann werden die beiden ICE-1 zeitgleich den Hauptbahnhof der schweizerischen Bundeshauptstadt Bern verlassen; Zug-Nr. 76 wird Interlaken zustreben, während Zug-Nr. 74 den weiten Weg nach Berlin vor sich hat, Bern HB, Dezember 2014.

Nachschuss auf die beiden zeitgleich aus Bern HB ausfahrenden ICE-1, links ist es heute Zug-Nr. 83 „Timmendorfer Strand“ mit Fahrtziel Berlin, rechts der namenlose Zug-Nr. 76 mit Fahrtziel Interlaken-Ost (Bern, Okt. 2014)

Vorbei! Ab Dezember 2015 sah die ehemalige ICE-1-Doppelausfahrt aus Bern HB dann so aus: links der lokbespannte EuroCity Interlaken-Ost – Hamburg-Altona, immerhin auch ein „anständiger“ Zug! Rechts der ICE-1 der Relation Berlin – Interlaken-Ost, heute Zug-Nr. 72 „Aschaffenburg“, Bern HB 2017

06. Dezember 2014 – ein ganz besonderer Moment zusätzlich zur ICE-1-Doppelausfahrt aus Bern HB: auf Schweizer Boden trifft deutsche Schnellzug-Legende von 1936 auf deutsche Schnellzug-Legende(n) von 1992: Einfahrt der Pacific-Schnellzug-Dampflok 01-202 mit einem Sonderzug in den Bahnhof von Bern genau dann, als die beiden ICE-1 zeitgleich aus Bern HB ausfahren, Zug-Nr. 74 „Zürich" in Richtung Berlin; Zug-Nr. 76 in Richtung Interlaken-Ost. Schade, konnten die beiden ICE nicht auch noch den Dampf-Renner in ihre Mitte nehmen; der Dampfzug fuhr ganz rechts im Bild zum Gleis 1.

Bereit zur Doppelausfahrt: links ein unerkannt gebliebener ICE-1 der Relation Interlaken – Berlin, rechts ICE-1 Nr. 78 „Bremerhaven" der Relation Berlin – Interlaken, Bern HB, August 2015. Man sieht die geschwungenen Dächer der „Welle von Bern".

Nein, hier steht schon seit drei Jahren keine Doppelausfahrt mehr bevor; es handelt sich vielmehr um eine verspätungsbedingte, „zufällige" Begegnung zweier ICE-1 spätabends im Bahnhof Bern: links Zug-# 84 „Bruchsal" als schweiz-interner Umlauf Interlaken – Basel, rechts der um etwa eine Stunde verspätete ICE-1 Nr. 78 „Bremerhaven" der Relation Berlin – Interlaken. Planmäßig wären sich die beiden Züge auf freier Strecke zwischen Thun und Spiez begegnet. Für die Verspätung konnte der Zug übrigens nichts, diese war Folge einer gezogenen Notbremse, Bern HB, 13. Dezember 2018.

Diese Doppelseiten zeigen die ICE-1-Doppelausfahrt aus Bern HB aus der Vogelperspektive, 2015, aufgenommen vom Parkdeck auf der Halle – und an diesem Tage waren die beiden Züge leider nicht ganz exakt zeitgleich losgefahren. Und wohlgemerkt: wir befinden uns hier nicht in Deutschland,sondern in der Schweiz und sehen dennoch zwei ICE-1 gleichzeitig. Und das auch nicht im Grenzbahnhof Basel SBB, wo es auch nicht weiter außergewöhnlich wäre – nein, mittendrin im Nachbarland ...

ICE
Bordrestaurant

D
1
2
3
4

Auf der „schönen" Seite des Bahnhofs, bei der „Welle von Bern": ICE-1 Zug-#76, Bern HB 2016, 401-576-4, konventionelles Spitzensignal, und auf dem Bild rechts ICE-1 Zug-#83 „Timmendorfer Strand", 2019, Triebkopf 401-583-0 mit LED-Spitzensignal.

Einfahrt des „Quasi-Nachtzuges aus Berlin" (nein – nicht nach Lissabon): ICE-1 Zug-#72 „Aschaffenburg" ist nachts um 03:46 Uhr in Berlin losgefahren, wird Teil der ICE-1-Doppelausfahrt von Bern werden und sein Ziel Interlaken gegen 14:00 Uhr erreichen. Triebkopf 401-572-3, Bern HB 2015.

Einfahrt des ICE-1 Zug-#89 von Berlin her kommend in den Bahnhof von Bern, Mai 2017. Triebkopf 401-589-7. Wegen einer Baustelle zwischen Bern und Thun enden alle ICE im Mai 2017 vorübergehend in Bern und werden im Güterbahnhof abgestellt bis zum Zeitpunkt der Rückleistung.

Nur noch „einsame" ICE-Ein- & Ausfahrten in Bern: ICE-1 Zug-#87 „Mühldorf am Inn", 401-087-2 auf dem Bild oben im Oktober 2016; ICE-1 Zug-#78 Bremerhaven", 401-578-0 auf dem Bild in der Mitte im April 2018.

ICE-1 Zug-#87 „Mühldorf am Inn" im „Keller von Bern", Oktober 2016, Triebkopf 401-587-1

Da die Bahnsteige von Bern HB in einer Kurve liegen, tut man sich schwer mit der baulichen Erhöhung der Bahnsteigkanten wegen der Überhänge der Waggons an den Wagenenden. So werden die Einstiege beim ICE in Bern leider zur Kletterpartie. Am 13. September 2019 hatte jedoch jemand eine „tolle Idee": ein Treppchen (wie man es aus den USA kennt) kam bei wenigstens einer der Türen zum Einsatz. ICE-1 Zug-# 75 „Nürnberg".

Triebkopf 401-584-8 im „Keller von Bern", August 2016, ICE-1 Zug-#84 „Bruchsal" der Relation Berlin – Interlaken-Ost.

Einfahrt des „Quasi-Nachtzuges" aus Berlin in Bern, 2019, Triebkopf 401-087-2 „Mühldorf am Inn" mit Zug-#73 „Basel".

Wiederum Einfahrt des „Quasi-Nachtzuges" aus Berlin, heute Zug-#75 „Nürnberg", Triebkopf 401-575-6, Bern HB, 27. Februar 2020.

Einsame Ausfahrt von ICE-1 Zug-#84 „Bruchsal", Triebkopf 401-584-8, Bern HB, 05. Januar 2016

Scheibenwasch-Service für Triebkopf 401-073-2, Bern HB, 16.09.2019, ICE-1-Zug-#73 „Basel“ der Relation Interlaken – Hamburg. Rechts der Triebkopf 401-590-5 brauchte auch den Service: Bern HB 16. Oktober 2019, Zug-#90 „Ludwigshafen am Rhein“)

Hauptstadt-Kulisse mit Alpen-Panorama: ICE 376 der Relation Interlaken – Hamburg auf dem Lorraine-Viadukt von Bern, Nov. 2019. Die beiden Triebköpfe 401-081-5 & 401-581-4 sind mit einer bunten Mischung aus insgesamt drei ICE-1-Zügen unterwegs: Waggons vom eigenen Zug-#81 „Interlaken“, von Zug-#62 „Geisenheim/Rheingau“ und von Zug-#15 „Regensburg“.

Bild links: Detail mit Triebkopf 401-581-4 und Wagen 14 (1. Kl.) von Zug-#15 stammend.

Der „Quasi-Nachtzug" aus Berlin bei der Einfahrt in den Bahnhof von Bern auf dem Lorraine-Viadukt über die Aare, Mai 2020. Es handelt sich um ICE-1 Zug-#88 „Hildesheim", hier zu sehen Triebkopf 401-588-9. Fahrtziel des Zuges ist Interlaken-Ost.

Derselbe Zug nach dem Richtungswechsel, fertig zur Ausfahrt für den letzten Abschnitt der Reise, Triebkopf 401-088-0.

Triebkopf 401-576-4 mit einer Mischgarnitur der Züge-#62 „Geisenheim/Rheingau" und #81 „Interlaken", Bern HB 2020. Fahrtziel des aus Inter aken gekommenen ICE-1-Zuges ist Berlin.

ICE-1 Zug-#82 „Rüdesheim" auf der Sonnenseite des Bahnhofs bei der „Welle von Bern", 2020, Triebkopf 401-582-2

ICE-1 Zug-#74 „Zürich" im Bahnhof von Bern, 2020,
Oben: Triebkopf 401-574-9 am 28. Februar 2020;

Mitte: Wagen 9 & 11 der 1. Klasse am 23. Februar 2020)

Unten: Unüblicher Abstellort: ICE-1 BR 401-072/572 „Aschaffenburg" in Bern-Güterbahnhof, Mai 2015 - daneben eine durchfahrende S1 der bls.

Der ICE-1 – Nach der Jahrtausendwende einzig verbliebener internationaler Zuglanglauf ins Berner Oberland

Als um die Jahrtausendwende nahezu alle internationalen Fernverbindungen ins oder durchs Berner Oberland eingestellt oder auf unsäglich unzuverlässige, pseudomoderne Triebzüge umgestellt wurden, war für etwa 15 Jahre der ICE-1 der einzige Zug mit einer eines internationalen Schnellzuges würdigen, langen und lokbespannten Garnitur, mit dem noch internationale Laufwege von mehr als 1000 Kilometer ins Berner Oberland realisiert wurden, bis auch der ICE-1 dann 2020 ersetzt wurde (durch einen Triebzug).

Vorbei die Zeit, als auch in Thun noch lokbespannte, internationale Reisezüge daherkamen, so wie am Gotthard auch. Züge mit langen Garnituren aus bunt gemischtem Wagenmaterial, sowohl der SBB wie auch die DB, von FS/Trenitalia oder auch der belgischen Staatsbahnen SNCB, die einen langen Weg auf sich nahmen, vom nördlichen Europa über die Alpen nach Süden oder umgekehrt. Züge, die noch klangvolle Namen hatten wie EC „Lötschberg“ oder EC „Matterhorn“, mit Fernweh in den Zuglaufschildern.

Der belgische EC „Vauban“ Brüssel – Mailand war dann auch der letzte seiner Art am Thunersee. Er verschwand mit dem sogenannten „Einsatz“ der CIS-ETR610 auf der Lötschberg-Simplon-Achse – dies, obwohl die ETR-610 weder einsatzfähig waren noch eine Zulassung hatten. Zu mehreren Garnituren kuppelbar sind sie erst seit 2015 (!). So kam es (weil man den „Vauban“ ja schon eingekürzt hatte auf den Rest-Abschnitt Basel – Brüssel) von 2005 bis 2007 immerhin nochmals zu einer lokbespannten Zwischenlösung mit hochwertigen Reisezugwagen: die Cisalpino AG setzte im Außen-Design angepasste SBB EuroCity-Wagen Apm & Bpm auf der Relation Basel – Mailand ein, ohne Speisewagen, bespannt mit einer gemieteten, ebenfalls äußerlich ans CIS-Design angepassten Mehrsystemlok der Reihe Re 484, sodass an der Grenze in Domodossola nicht umgespannt werden musste. Wären die Garnituren nicht derart kurz gewesen, dass sie ständig für lösbare(!) Kapazitätsprobleme gesorgt hätten, es wäre, ergänzt um einen Speisewagen, ein würdiger internationaler Reisezug gewesen. Aber selbstverständlich kam es zur geplanten „Verschlimmbesserung“ mit Einsatz der ETR-610-Triebzüge und den über die Landesgrenzen hinaus bekannten Folgen. Diese Verbindungen dürfen sich im Fahrplan zwar vollmundig EuroCity nennen, aber ich persönlich zähle sie wegen ihrer Unzuverlässigkeit und dem einer solchen Verbindung unwürdigen Wagenmaterial gar nicht zu den internationalen Fernverbindungen des Bahnhofs Thun. In Basel SBB war seither Umsteigen angesagt, auf den „Rest-Vauban“, lokbespannt mit Wagenmaterial von SNCB & SBB, der dann jedoch 2016 definitiv eingestellt wurde – zugunsten eines TGV, der aber keine Direktverbindung nach Brüssel mehr bietet. Die vorübergehend lokbespannten CIS-Züge verkehrten übrigens aus denselben Gründen auch eine Zeit lang am Gotthard, dort aber wenigstens in adäquater Länge.

Von Interlaken-Ost verkehrten die schweiztauglichen ICE 1 mehrmals täglich nach Berlin und einmal pro Tag nach Hamburg; beides Langläufe von etwa 1100 Kilometern. Etwa um 2010 war dann auch die Zeit vorbei, als diese ICE-Verbindungen noch klangvolle Namen hatten, wie hier sehr treffend ICE „Thunersee“. Dafür bekamen die ICEs selber Taufnamen, immerhin. Ein Kuriosum der ICE-Fahrzeugumläufe ist stets der „Kilometer-Ausgleich“ mit dem internationalen Rollmaterial, weshalb mit diesen Zügen in den Randzeiten Schweizer Inlands-IC-Umläufe gefahren werden, mehrmals täglich, einfach nur zwischen Basel SBB und Interlaken-Ost hin und her.

Es sollte bis zum Fahrplanwechsel 2015/16 dauern, bis über den ICE-1 hinaus wieder ein tatsächlicher Lok-Wagen-Zug als richtiger Langläufer und mit langer Garnitur das Berner Oberland erreichte, dies in Gestalt des EC 6/7 Interlaken-Ost – Hamburg-Altona via Köln, entlang des romantischen Rheins.

In Spitzenzeiten gab es hier im Berner Oberland bis zu 16 ICE-1-Abfahrten pro Tag, acht von/nach Berlin, eine nach Hamburg, eine von Frankfurt und die erwähnten schweiz-internen Umläufe zwischen Interlaken-Ost und Basel SBB. Auch Zürich hatte eine stattliche Anzahl an ICE-1-Abfahrten pro Tag zu bieten. Von dort ging es zumeist nach Hamburg beziehungsweise noch weiter bis Kiel und nur einmal nach Berlin. Das änderte sich mit Fahrplanwechsel 2015/16. Das Berner Oberland verlor schlagartig die Hälfte der ICE-Verbindungen und die ICE-Doppelausfahrt Bern ab 13:04 Uhr. Die ICE-1 verkehrten nun vermehrt bis Zürich und darüberhinaus bis Chur; dafür erhielt das Berner Oberland, wie schon erwähnt, einen lokbespannten EuroCity zurück, dessen stattliche 12-Wagen-Garnitur fortan die Verbindung nach Hamburg via Rheintal, Loreley und Köln bediente. Dem ICE hingegen dürstete, seiner Art gemäß, nach hoher Geschwindigkeit (ICE-1 max. 280 km/h; i. d. R. aber „nur" 250 bis 260 km/h), weswegen er auf seiner Reise nach Hamburg oder Berlin nicht den romantischen Laufweg durchs Tal der Loreley nahm, sondern die Neubaustrecke über Fulda-Kassel-Hannover, wo er sich in „seinem Element" befindet.

Noch bis Sommer 2020 spulten die ICE-1 mehrmals täglich den 1100 kilometerweiten Weg von/nach Berlin beziehungsweise Hamburg zuverlässig ab, erreichten in den allermeisten Fällen pünktlich das Berner Oberland. Etwas, was mit den CIS-ETR 610 italienischer Bauart auf dem vergleichsweise kurzen Weg von Milano bis Zürich oder Basel immer nur ausnahmsweise gelingt. Manchmal werden nicht einmal die 100 Kilometer von Basel SBB bis Bern ohne eine technische Störung bewältigt und das sogenannte „Ereignis im Ausland" von Italien her kann dann auch eine Türstörung im Grenzbahnhof Domodossola gewesen sein. Dennoch haben sich DB und SBB darauf eingelassen, diese mit nur sieben Wagen für den internationalen Fernverkehr viel zu kurzen Züge auch nach Frankfurt und seit Dezember 2020 auch auf der Relation Zürich – München einzusetzen. Nun, das Verspätungs- und Zugausfall-Desaster ist somit vorprogrammiert. Wie wohltuend ist da – immer wieder auch allen Unkenrufen der letzten Zeit zum Trotz – die allgemein überaus hohe Zuverlässigkeit der ICE-1 von 1991, vor allem in Bezug gesetzt zu deren rekordverdächtigen Laufleistungen von bis zu 500 000 km pro Jahr!

ICE-1-Fahrplanlagen Schweiz (ab 2015/2016 bis Dez. 2019)

grau entfiel ab Dezember 2015

Bahnhof Thun (Bern: jeweils 04 bzw. 34)

- 06:32/06:33 ILK-BERL
- 06:52/06:54 BSS-ILK
- 08:31/08:32 ILK-BERL
- 08:52/08:54 BSS-ILK
- 10:21/10:22 FRA-ILK
- 10:32/10:33 ILK-BERL .
- 12:31/12:32 ILK-BERL
- 13:21/13:23 BERL-ILK
- 15:21/15:22 BERL-ILK
- 15:32/15:33 ILK-HH* (mit Halt in BAD)
- 17:03/17:04 ILK-BSS
- 19:21/19:23 BERL-ILK .
- 20:21/20:22 BSS-ILK
- 21:24/21:26 BERL-ILK
- 21:32/21:33 ILK-BE (22:34 ab BE weiter nach BSS)
- 22:31/22:32 ILK-BE

Abkürzungen (alphabetisch): BAD = Baden-Baden, BE = Bern HB, BERL = Berlin-Ostbahnhof, BSS = Basel SBB, FRA = Frankfurt (Main) Hbf, HH* = Hamburg Altona (nur FR/SO; Rest der Woche nur bis FRA), ILK = Interlaken-Ost

Bahnhof Zürich HB

Im Gegensatz zu Thun & Interlaken verkehren ab Zürich HB fast alle ICE-1 nach Hamburg (viele sogar weiter bis Kiel) und nur einer nach Berlin. 2016 wurden einige ICE-Verbindungen über Zürich hinaus verlängert bis Chur (diese ICE entfallen aber leider für das Berner Oberland.

(siehe linke Spalte)

Ab 2016 werden die meisten der schweiz-internen ICE-Umläufe von/nach Basel SBB statt ins Berner Oberland nach Zürich beziehungsweise Chur geführt.

Bahnhof Basel SBB

Alle ICE-1 von/nach CH verkehren via Basel SBB, unabhängig vom Abgangs- & Zielbahnhof in D & CH. Auch nicht-schweiz-taugliche ICE-1 erreichen von Deutschland her Basel SBB und enden dort.

Wunderschöne Winteraufnahme am Thunersee: ICE-1 BR 401-080/580 „Castrop Rauxel" oberhalb Einigen mit Blick über den See Richtung Thun. Es sind nur noch wenige Kilometer bis Interlaken, dem Ziel der 1100 km-Reise. Nächster Halt ist Spiez, 2017.

Foto: © Julian Ryf (mit freundlicher Genehmigung)

Blick auf die doppelgleisige Hauptstrecke Bern – Lötschberg – Simplon auf Höhe des ehemaligen Haltepunktes Kumm mit dem Panorama von Thunersee und Berner Alpen mit Eiger, Mönch und Jungfrau. Die hier vorbei fahrenden ICE-1 sind entweder ganz am Beginn oder fast am Ende ihrer 1 100 km-Reise von bzw. nach Berlin oder Hamburg.
Bild Mitte: ICE-1 #79 auf dem Weg nach Hamburg, Sommer 2019
Bild links: ICE-1 #74 „Zürich" ebenfalls auf dem Weg nach Hamburg, Sommer 2014.

Zugkreuzung am Thunersee: zwischen Spiez und Interlaken ist die Thunerseebahn 1-gleisig. Im Bahnhof Leissigen kreuzen ein InterCity der Relation Basel SBB – Interlaken-Ost und der ICE-1 #77 „Basel", der sich noch ganz am Anfang seiner Reise nach Hamburg befindet, Sommer 2015. ICE-1-#77 sollte ab 2016 „Rendsburg" heißen und der Name „Basel" ging über an Zug ICE-#73.

Interlaken-Ost, Abstellgruppe: ICE-1 BR 401-081/581 „Interlaken" wartet auf die Rückleistung in Richtung Hamburg (2008)

Interlaken-Ost, Abstellgruppe: hier & heute ist es Zug-#88 „Hildesheim", der auf die Rückleistung nach Hamburg wartet, 2017.

ICE-1 BR 401-081/581 „Interlaken" nach Ankunft in Interlaken-Ost, 2015, Triebkopf 401-581-4, daneben ein Waggon der Ballenberg-Dampfbahn

ICE-1 Zug-#88 „Hildesheim" bereit für die Rückleistung nach Hamburg, Interlaken-Ost, Nov. 2017.

ICE-1 BR 401-088/588 „Hildesheim" bereit zur Rückfahrt nach Hamburg, Triebkopf 401-088-0 Interlaken-Ost, Nov. 2017 ...

... und zuvor der Zug in der Abstellung ICE-1, Zug-#88 „Hildesheim", Triebkopf 401-588-9, Interlaken-Ost, 2017.

Einfahrt von ICE-1 BR 401-087/587 „Fulda" der Relation Interlaken-Ost – Hamburg-Altona in den Bahnhof von Interlaken-West, 2015. Später sollte die Garnitur zu #04 umnummeriert werden, was einen Namenstausch mit „Mühldorf am Inn" bedeutete.

Einfahrt des namenlosen ICE-1 BR 401-089/589 in den Bahnhof Interlaken-West, Triebkopf 401-589-7.

Sommergewitter: stimmungsvolles Bild mit „meinem" ICE-1 401-074/574 „Zürich" in Interlaken-West, 2015.

Triebkopf 401-581-4 mit einer äußerst gemischten Garnitur in der Aarebrücke von Uttigen, Januar 2020. Es handelt sich um den „Quasi-Nacht-Zug" aus Berlin. Abfahrt dort um 03:46 Uhr mit Ankunft in Interlaken kurz vor 14:00 Uhr.

Eine Sache von nur wenigen Sekunden: ICE 1 BR 401-077/577 „Basel" rauscht über die fotogene Aarebrücke bei Uttigen, 2015. Diese Brücke ist übrigens schallsaniert durch Einbau eines schallschluckenden Bodens – wurde also ganz im Gegensatz zur Donaubrücke in Ulm nicht mit Schallschutzwänden bis zur Unkenntlichkeit verschandelt.

ICE-1-#75 „Nürnberg" auf der Kanderbrücke bei Einigen am Thunersee, 2017; vorne Triebkopf 401-575-6, hinten fremdbespannt mit 401-074-0

Das Ende der internationalen Einsätze des ICE-1

Seit Ende des Jahres 2019 steht die Ablösung dieser wunderbaren Züge im internationalen Einsatz mit der Schweiz an, in einem ersten Schritt zum Fahrplanwechsel Dezember 2019 vollzogen im Verkehr mit Zürich und Chur und in einem zweiten Schritt zum „kleinen Fahrplanwechsel" im Juni 2020 dann auch im Verkehr mit Bern und Interlaken. Der Ausbruch der Pandemie im Frühjahr 2020 mit Einstellung der internationalen Bahnverkehre und deren geplanter Wiederaufnahme erst nach dem „kleinen Fahrplanwechsel" im Juni 2020 sollte dem internationalen Einsatz des ICE-1 jedoch bereits gegen Ende März 2020 ein jähes wie ungeplantes Ende setzen. Völlig unerwartet kam es doch bereits in der letzten Maiwoche zur Wiederaufnahme der internationalen Verkehre mit Deutschland, sodass es für letzte drei Wochen möglich war, den ICE-1 im Berner Oberland zu beobachten und zu genießen.

Innerhalb Deutschlands wird der ICE-1 weiterhin im Einsatz bleiben, ja, es steht sogar ein „Zweites Refit" dieser Züge an, da sie – teilweise auch in verkürzter Länge – konventionelle Lok-Wagen-Garnituren im nationalen InterCity-Verkehr ersetzen sollen. Im internationalen Reiseverkehr jedoch werden sowohl der fantastische Komfort wie auch die Seitengang-Abteile verschwinden, denn das Nachfolge-Modell ICE-4 der BR 412 wird nichts mehr davon bieten, womit einst in den 1990ern gestartet wurde. Es geht heute nur noch darum, möglichst viele Passagiere von A nach B zu transportieren; wie, das interessiert den „modernen" CEO nicht mehr. In der Schweizer Eisenbahn Revue, Ausgabe 7/2019 fand sich hierzu ein interessanter Artikel, in welchem u. a. der Vergleich mit der Käfighaltung bemüht wurde – sicherlich nicht ganz unbegründet. Pikantes Detail im Rahmen der Einführung des ICE-4 in Deutschland ist wohl die Tatsache, dass sich die DB aufgrund massiver Proteste der Reisenden gezwungen sah, bei den nur wenige Monate alten ICE-4 etwa 60 000(!) bereits verbaute Sitze durch bequemere Exemplare zu ersetzen, die aber noch unbequemer sind als diejenigen im ICE-1. Im Rahmen von Entwicklung und Erprobung waren wohl kaum Gedanken an das Thema Sitzkomfort verschwendet worden, auch wenn der Vorgang seitens DB ganz anders dargestellt wird. Die Reisenden haben bereits einen bösen Spitznamen kreiert für den neuen ICE-4: „Transport-Röhre".

So wurden am 13. Juni 2020 letztmalig die internationalen Verbindungen von Interlaken nach Berlin und Hamburg mit dem ICE-1 geführt, am Abend dieses letzten Einsatztages dann leider „kalt abserviert" mit „Ausfall" sowohl der 19:04- wie auch der 21:06-Verbindung ab Bern. Für letztere kam nicht einmal eine Ersatzgarnitur zum Einsatz, die Reisenden „durften" 30' warten! In früheren Zeiten hätte man nach derart langer Einsatzzeit – 28 Jahre – ein Banner an den Zug geheftet mit „letzte Fahrt", aber auch das wurde in unseren Tagen „modernem" Management geopfert und durch den Ausfall so oder so verunmöglicht. Schlussendlich sollte es aber auch ab 14. Juni 2020 nochmals „anders kommen".

Letzter Einsatz-Tag im Berner Oberland: ICE-1 Zug-89 der Relation Berlin – Interlaken, der „Quasi-Nachtzug" beim Halt in Thun, 13.Juni 2020

ICE-1 BR 401-078/578 „Bremerhaven", Triebkopf BR 401-078-1 als schweiz-interner IC-Umlauf Basel – Interlaken beim Halt in Thun, März 2020. Erst später am Vormittag wird der Zug die 1100 km lange Reise von Interlaken nach Berlin antreten. Nach Umstellung der Linie nach Chur auf ICE-4 bereits im Dezember 2019 und Einstellung der internationalen Bahnverkehre mit Ausbruch der Pandemie im Frühjahr 2020 wie auch deren Wiederaufnahme voraussichtlich erst nach dem „kleinen Fahrplanwechsel" Mitte Juni 2020 dürfte dieses Bild hier wohl zu den letzten Aufnahmen eines ICE-1 im Landesinneren der Schweiz zählen. Erfreulicherweise erwies sich diese Annahme schlussendlich als unwahr, da die Wiederaufnahme der internationalen Verkehre mit Deutschland dann bereits ab 26. Mai erfolgte und auf diese Art der ICE-1 dann doch nochmals für kurze drei Wochen im Berner Oberland zu beobachten wie zu genießen war, so wie auf dem Bild unten: ICE-1 BR 401-085/585 „Freilassing", Thun, Mai 2020, Triebkopf 401-085-6, der auch den „neuen" grünen Streifen bekommen hat.

Später am Vormittag geht es nach Berlin – zum letzten Mal (ICE-1 Zug-#84 „Bruchsal", einseitig fremdbespannt mit 401-587-1)

ICE-1 Zug-#89 der Relation Berlin – Interlaken, der „Quasi-Nachtzug" bei der letzten „offiziellen" Ausfahrt aus Thun Richtung Interlaken am 13. Juni 2020. Aber auch nach dem „kleinen Fahrplanwechsel" sollte es zu Einsätzen des ICE-1 anstelle des ICE-4 kommen.

13. Juni 2020 – Letzter fahrplanmäßiger Einsatztag für den ICE-1 in der Schweiz und im Berner Oberland:
Oben: Zug-#84 „Bruchsal" bei Einigen am Thunersee,
unten: Zug-#89 in Bern-Wankdorf, ICE 376 der Relation Interlaken-Ost – Hamburg-Altona.

Mehr als nur unrühmliche Verabschiedung nach 28 Einsatzjahren: statt eines Kranzes oder Banners mit der Aufschrift „letzte Fahrt" hat man die beiden Abendverbindungen einfach ausfallen lassen – für die hier gezeigte, spätere Verbindung wurde nicht einmal eine Ersatz-Garnitur für die Reisenden auf den Weg geschickt von Basel SBB nach Interlaken-Ost: absolut beschämend, Thun, 13. Juni 2020, abends.

Verabschiedung des ICE-1 aus der Schweiz: Zug-#85 „Freilassing", Thun, 27.Mai 2020

Stimmungsbild zum Abschied aus Zürich: ICE-1 BR 401-074/574 „Zürich" in Zürich HB, 30. August 2019, Triebkopf 401-574-9: heute Abend geht die Reise noch bis Frankfurt (Main) Hbf, ab Dezember 2019 werden hier ICE-4 verkehren.

30 Jahre Betrieb mit dem ICE-1 (1991-2021) und das „zweite Refit" ab 2020/21

Einige ICE der Baureihe 401 sind schon älter als 30 Jahre, denn die Erprobungen mit den ersten Triebköpfen geht zurück auf die Jahre ab 1989. „30 Jahre ICE-1" bezieht sich somit auf den Beginn des fahrplanmäßigen Einsatzes ab Mai 1991, bedeutet also „30 Jahre Betrieb mit dem ICE-1" beziehungsweise 30 Jahre ICEVerkehr bei der Deutschen Bahn überhaupt – unabhängig von der eingesetzten ICE-Baureihe. So war auch der kleine Festakt zu verstehen, der Anfang Juni 2021 in Berlin Hbf (tief) stattfand und bei dem ein aktueller ICE-4 der BR 412 und ein ICE-1 der BR 401 nebeneinander standen.

Beim ICE-4 #9457, BR 412-057, handelt es sich um eines der ersten Exemplare in der 13-teiligen „XXL"-Ausführung ‚üblicherweise sind es zwölf Wagen; er wurde innen etwas aufwendiger gestaltet und auf den Namen „Bundesrepublik Deutschland" getauft. Die beiden Endwagen erhielten statt der roten oder neuerdings auch grünen Bauchbinde einen Streifen in den deutschen Landesfarben schwarz-rot-gold.

Auf dem anderen Gleis war es BR 401-086/586 „Chur", dessen Triebköpfe zu diesem Zweck den alten, zweifarbigen, schöneren Streifen in orientrot und pastell-violett zurück bekamen, dessen Übergang zur weiterhin mit verkehrsrotem Streifen versehenen Wagen-Garnitur mit einer interessanten 180°-Drehung aufwartet. Zusätzlich prangt „30 Jahre ICE" am Triebkopf 086, womit dieser nun schon zum dritten Mal Leinwand bieten darf für temporäre Sonderbeklebungen: „Bock auf Graubünden?" zusammen mit der Taufe auf den Namen „Chur" war es im Dezember 2015 bis Januar 2016 (... „nur für kurze Zeit"), dann ab 2017 „25 Jahre ICE-Verkehr Deutschland – Schweiz 1992-2017" und nun 2021 für das 30-Jahr-Jubiläum.

Da war „die Welt noch in Ordnung" in Bezug auf den Schweiz-Verkehr mit dem ICE-1: Einfahrt von Zug-#401-085/585 „Freilassing" als ICE 376 Interlaken-Ost – Hamburg-Altona in den Bahnhof von Spiez am Thunersee, Juli 2019. Im Hintergrund des Fotos sieht man einen Ausschnitt aus der Berner Alpenkette, die rechts sitzenden Fahrgäste genießen ab Interlaken-West via Spiez bis Gwatt bei Thun einen fantastischen Ausblick auf den Thunersee.

Foto: © Clemens Kral, mit freundlicher Genehmigung

Links: ICE-1 BR 401-059/559, Triebkopf 401-059-1, unterwegs bei Maisach, Januar 1997. Der Zug hat noch die schöne Ursprungslackierung mit dem zweifarbigen Zierstreifen in orientrot und pastell-violett, der 2005 beim Refit verkehrsrot wurde. *Rechts:* Derselbe Zug, nun mit dem verkehrsroten Streifen, ebenfalls Seite Triebkopf 401-059-1 in Frankfurt a. Main Hbf, 2018. Die Garnitur hört mittlerweile auf den Namen „Bad Oldesloe" und hat LED-Spitzensignal. Fotos links: © Sammlung Hansjörg & Werner Brutzer (mit freundlicher Genehmigung)

Seit 14. Juni 2020 nur noch national unterwegs – der ICE-1: gerade von Berlin in Basel SBB angekommen, geht es nach nur 25' Aufenthalt bereits wieder zurück nach Berlin: ICE-1 BR 401-086/586 „Chur", nach Richtungswechsel schon wieder bereit für die Rückfahrt in Richtung Berlin, Triebkopf 401-086-4 mit Beklebung „25 Jahre ICE-Verkehr Deutschland – Schweiz", Basel SBB 27.06.2020. Zum Jubiläum „30 Jahre ICE-Verkehr" wird dieser Triebkopf abermals eine Sonderbeklebung erhalten.

Seit 14. Juni 2020 sehen die internationalen ICE-Verkehre leider so aus: ICE-4 BR 412, Zug-#9031, als ICE 73 der Relation Kiel – Zürich HB nach Ankunft in der Schweiz und nach bereits erfolgtem Richtungswechsel bereit zur Weiterfahrt in Richtung Zürich. Basel SBB, 27. Juni 2020.

Als die ICE-1 der Baureihe 401 noch international unterwegs waren: ICE-1 Nr. 82 „Rüdesheim", unterwegs zu uns ins Berner Oberland, Basel SBB, 24 August 2013, Triebkopf 401-582-2.

Seit 14. Juni 2020 nur im innerdeutschen Verkehr unterwegs: wiederum ICE-1 Nr. 82 „Rüdesheim", hier und heute nur noch auf der Relation Basel SBB – Hamburg-Altona unterwegs, nicht mehr zu uns ins Berner Oberland. Basel SBB, 27. Juni 2020, Triebkopf 401-582-2. Da sich der südwestliche Endpunkt des innerdeutschen Verkehrs in Basel befindet, erreichen die ICE-1 also nach wie vor knapp schweizer Boden.

Beschämend, aber immerhin hat er es noch bis zum Ziel geschafft: mit nicht nur offenen, sondern sogar demontierten Front- & Seitenklappen erreicht ICE-4 (Zug-#9012) von Berlin her kommend Interlaken-West (02. Juli 2020). Dies, obwohl es an der 12-Wagen-Garnitur rein gar nichts zu kuppeln gibt und daher überhaupt kein Grund erkennbar ist für offene Kupplungs-Abdeckungen. Und es ist anzunehmen, dass die seitlichen Klappen entfernt wurden, damit es an der offenen Front bei 250 km/h keinen Luftstau gibt. Aber man ist ja cool und modern ...

... und dann ist der „1er" wieder gut genug: am 04. & 05. Juli 2020 wurde der „Quasi-Nacht-Zug" von Berlin, Berlin ab 03:46 Uhr und dessen Rückleistung am Nachmittag in Richtung Hamburg, Interlaken-West ab 15:05 Uhr, mit ICE-1 statt ICE-4 geführt – ein Schelm, der fragt, warum ...
Foto: ICE-1 BR 401-088/588 „Hildesheim", Triebkopf 401-588-9, Interlaken-West, 05. Juli 2020.

ICE-1 statt ICE-4: ICE-1 Zug-#88 „Hildesheim" als ICE 376 der Relation Interlaken-Ost – Hamburg-Altona beim Halt in Spiez am Thunersee (Triebkopf 401-588-9, 05.07.2020). Eine „Bonus-Fahrt", an der ich sehr große Freude hatte – und gleichzeitig meine letzte Bahnfahrt vor der „Protest-Kündigung" meines seit 18 Jahren bestehenden Jahres-Abonnementes (GA), denn ich werde erst dann wieder Zug fahren, wenn der haarsträubende Blödsinn mit der Maskerade ein Ende finden wird! Auf dem Bild rechts derselbe Zug beim Halt in Olten.

Eine der ersten Garnituren nach erfolgtem zweitem Refit und zu hinterfragender definitiver Verkürzung auf neun Wagen (nach vorgängigem Probebetrieb mit der verkürzten Garnitur-#60 im Jahre 2018) war dann 2020 der ICE-1 401-055/555 „Rosenheim". Der Zug hat auf einer Probefahrt via Schwarzwaldbahn den Grenzbahnhof Konstanz am Bodensee erreicht (oberes Foto), um sich sodann wieder auf den Rückweg zu machen; dabei auf dem unteren Foto zu sehen auf der Brücke über den „See-Rhein", August 2020.

Beide Fotos: © Oliver Geissinger, mit freundlicher Genehmigung.

Mit den Triebköpfen 401-562-4 & 401-577-2 bespannte, nach dem zweiten Refit auf neun Wagen gekürzte ICE-1-Garnitur, unterwegs als Umleiter auf der Relation Halle – Bebra bei Schkopau, März 2020. *Foto: © Clemens Kral, mit freundl. Genehmigung*

ICE-1 BR 401-054/554 „Flensburg", nach zweitem Refit verkürzte Garnitur, als Umleiter Leipzig – Erfurt vorder schönen Kulisse von Bad Dürrenberg, März 2021. *Foto: © Clemens Kral, mit freundl. Genehmigung*

ICE-1 Zug-#80 „Castrop-Rauxel" als verkürzte 9-Wagen-Garnitur am Bahnsteig in Basel SBB, Juli 2021. Vor dem Zug liegt eine Langstrecke von ca. 1000 km bis nach Berlin.

Links: ICE-1 BR 401-080/580, Triebkopf 401-080-7, unterwegs als knapp internationaler ICE 279 Berlin – Basel SBB bei der um ca. 20' verspäteten Einfahrt in den Schweizer Zielbahnhof Basel SBB, Juli 2021. *(Danke für den Gruss des Lok-Führers!) Rechts:* Nach kurzer Wendezeit von nur wenigen Minuten, planmäßig wären es auch „nur" 26' gewesen, geht es als ICE 274 zurück nach Berlin.

Nach dem offiziellen Ende der internationalen Einsätze mit der Schweiz im Juni 2020 erreichen die ICE-1 mit Basel SBB auch im Jahr 2021 weiterhin „knapp" Schweizer Boden. Eine Weiterfahrt als Ersatz für ausgefallene ICE-4 ist jedoch, im Gegensatz zum Jahr 2020, nicht mehr möglich, da die Züge im Rahmen des zweiten Refit ihre Schweiz-Zulassung verlieren. Anlässlich dieses seit 2020 stattfindenden zweiten Refit, mit dem die ICE-1-Garnituren nochmals für weitere 20 Jahre einsetzbar sein sollen, erfahren die Züge tiefgreifendere Änderungen als beim ersten Refit 2005. War damals „nur" die Inneneinrichtung komplett überarbeitet worden, blieben doch die Wagenreihung und Zuglänge gleich, lediglich der Service-Wagen wechselte damals auf die andere Seite des Speisewagens und damit in den Bereich der 1. Klasse. Aktuell hingegen werden die Garnituren drastisch verkürzt von bisher zwölf auf nur noch neun Wagen; die dadurch „überzähligen" Wagen sollen verschrottet werden. Neu finden sich dann nur noch zwei Wagen der 1. Klasse pro Zug, der Service-Wagen wandert wiederum in den Bereich der 2. Klasse, gefolgt von nur noch fünf weiteren Waggons dieser Klasse. Beibehalten wird der „Buckel-Speisewagen" und die Bespannung mit zwei Triebköpfen. Diese behalten bei den bisher schweiz-tauglichen Exemplaren zwar den zweiten Stromabnehmer, verlieren aber dennoch ihre CH-Zulassung. Technisch erfolgt die Aufrüstung u. a. auf die neueste Zugsicherung. Neben der äusserlich optischen Anpassung an das Design des ICE-4 erhalten die Wagen auch elektronische Zugzielanzeiger im Fensterband, analog der anderen ICE-Modelle, wo das ab ICE-2 bereits Standard war beziehungsweise ist.Die Verkürzung auf nur noch neun Wagen mag gerechtfertigt sein im Rahmen des geplanten Ersatzes der konventionellen InterCity-Lok-Wagen-Garnituren durch den ICE-1; da die 1-er aber auch weiterhin z. B. die 1000 km-Langstrecke Basel – Berlin beziehungsweise Basel – Hamburg bedienen, erscheint die Verkürzung ziemlich fragwürdig. Stehplätze sind hier vorprogrammiert; eine kurzfristige Anpassung des Zuges ist nicht möglich.

Links: ICE-1 Zug-#80 „Castrop-Rauxel" als verkürzte 9-Wagen-Garnitur am Bahnsteig in Basel SBB, Juli 2021. Vor dem Zug liegt eine Langstrecke von ca. 1000 km bis nach Berlin. *Rechts:* der elektronische Zugzielanzeiger im Fensterband.

Bereits im Jahre 2016 wurde ICE-1 #77 als einziger in Anlehnung an das Design des ICE-4 BR 412 äußerlich überarbeitet. Hierbei wechselte auch der Name der Garnitur von „Basel" auf „Rendsburg". Fotos: Basel SBB, Juli 2016. Der Name „Basel" ging sodann über auf die bisher namenlose Garnitur des ICE-1-#73. Erstmals gab es so auch einen gelben Streifen für die 1. Klasse an einem ICE, allerdings senkrecht statt waagerecht. Für die Beschriftungen – Klassenbezeichung, Wagen-Nummer, Sitznummern – wurde eine andere Darstellung und auch ein anderer Ort gewählt; alles wanderte nun ins schwarze Fensterband. Bisher war die Wagennummer in rot und umrahmt in der Nähe des DB-Signets angeordnet.

Sonder-Beklebungen Triebköpfe 401-086/586 – die Erste: „Bock auf Graubünden?". Nur für wenige Wochen im Dezember 2015 / Januar 2016 fanden sich diese Kleber mit den lustigen Steinböken von Graubünden-Tourismus auf den Triebköpfen des neu auf „Chur" getauften Zuges. Grund war die Anbindung Graubündens an den ICE-Verkehr zum Fahrplanwechsel im Dezember 2015.

Triebkopf 401-081-5 mit „25-Jahre-Jubi-Kleber" in Frankfurt a. Main Hbf, März 2018, fremdbespannt mit der Wagen-Garnitur von Zug-#76. Nach meinen Unterlagen waren in der Zeit ab Dezember 2017 folgende Triebköpfe mit diesem Jubi-Kleber versehen: 401-074/574 „Zürich", 401-077/577 „Rendsburg", 401-081/581 „Interlaken" und 401-086/586 „Chur"

Sonder-Beklebungen Triebköpfe 401-086/586 – die Dritte: „30 Jahre ICE"; zusätzlich zum Schriftzug auch mit dem ursprünglichen, zweifarbigen Streifen in orientrot und pastell-violett und dem alten DB-Keks, hier 401-086-4 bei Neuss-Norf, Juli 2021. Die Wagen-Garnitur hat weiterhin den „neuen" verkehrsroten Streifen.

Foto: © Horst Lüdicke (mit freundl. Genehmigung)

Anhang

Der ICE-1: in all den Jahren überwiegend zuverlässig
Selektive Schlaglicht-Aspekte aus meiner persönlichen Betriebs- & Wartungs-Chronik

Mit Baujahr 1989-92 sind die Hochgeschwindigkeits-Pioniere der DB-Baureihe 401 schon seit etwa 30 Jahren im strammen Einsatz; auch die 19 schweiztauglichen, am zweiten Stromabnehmer erkennbaren Einheiten 401-072/572 bis 401-090/590. Der Bestand zeigte sich über Jahre stabil bis auf eine unfallbedingte Änderung 2006, als ausgerechnet hier bei uns in der Bahnhofseinfahrt von Thun ICE-1 401-073/573 bei einer Frontalkollision mit einer bls-BR465 auf Seite „573" schwer beschädigt wurde. Der betroffene Triebkopf wurde unter Mitverwendung der beiden ausgemusterten Triebköpfe „020" (Brandschaden) und „551" (Unfall von Eschede) wieder als 401-573-1 aufgebaut.

Schwärzestes Ereignis in der Geschichte des ICE-1 war leider das oben erwähnte tragische Unglück von Eschede 1998 mit Zug 51 und 101 Todesopfern, dessen Ursache auf ein Konstruktionselement zurückging, das dem ICE erst nachträglich eingebaut worden war, und das nach dem Unglück bei allen ICE-1 wieder in die ursprüngliche Bauart zurückgeführt wurde: die umstrittene Sache mit den Monobloc- oder eben den Radreifen-Rädern. Bis zum heutigen Tag spulen die Züge wieder zuverlässig Millionen von Kilometern auf den bewährten Monobloc-Rädern ab! Zug Nr. 51 wurde bei dem Unfall völlig zerstört, einzig Triebkopf „051" blieb unbeschädigt und ersetzt seither den ausgebrannten Triebkopf „020" an Zug Nr. 20.

Ab 2015/16 kam es gehäuft zu technischen Problemen, nicht nur die schweiztauglichen Garnituren betreffend; zunehmend aufwendigere Wartungs- & Revisionsarbeiten hatten längere Ausfälle ganzer ICE-1-Züge zur Folge, mit lokbespannten IC-Ersatzverkehren auf ICE-Linien ab Basel in Richtung Deutschland wie auch teilweise recht komplexe Änderungen an den ICE-1-Garnituren selbst. Beobachtungen sorgten so immer öfter für Überraschungen – sie alle hier aufzuführen würde den Rahmen weit sprengen.

Neben Namensänderungen kam und kommt es seit der zweiten Hälfte der 2010er-Jahre sehr gehäuft zu zeitweiligen „Fremdbespannnungen" beziehungsweise auch „Durchmischung" der Züge, dies oft auch verbunden mit aufwendigen Umnummerierungen und definitiver Umbespannung, wodurch ganze Garnituren Schweiztauglichkeit erhielten oder aber verloren. Der kom-

Der Älteste hat schon mehr als 30 Jahre „auf dem Buckel": ICE-1 BR 401-001/501 „Gießen", hier Triebkopf 401-501-2, als ICE 274 der Relation Basel SBB – Berlin Ostbahnhof kurz vor der Abfahrt in Basel SBB, Aug. 2021,(Bj. 1989, letzte Revision 2018, Zug in Originallänge)

Auch die Werkstätte Basel Bad. Bf. macht Unterhaltsarbeiten an ICE-Zügen: hier der nicht schweiztaugliche 401-515-2 mit Zug #15 auf einem der Werkstatt-Gleise, 2015.

plexeste Vorgang dieser Art betraf sicherlich die Züge 04 & 87. Der nichtschweiztaugliche Zug #04 „Mühldorf a. Inn" wurde im Sommer 2015 umnummeriert zu #87 und erhielt nach wechselnden Fremdbespannungen dessen schweiztaugliche Triebköpfe, während die Wagen-Garnitur #87 „Fulda" zu Zug #04 mutierte. Nach Entgleisung eben dieser Garnitur am 29. November 2017 im Bahnhof Basel SBB wurde zur Aufrechterhaltung der Anzahl schweiztauglicher Garnituren den beiden Triebköpfen 401-087/587 (vorläufig) Zug #01 „Gießen" zugeteilt.

Im Frühling 2018 folgte die definitive Zuteilung wie auch Umnummerierung der Garnitur von #01 nach #87.

Dennoch waren die beiden Triebköpfe 401-087/587 in der Folge immer wieder auch mit der nun zu #01 umnummerierten Garnitur „Mühldorf a. Inn" in der Schweiz unterwegs, die dann mit Revision vom 01. September 2018 erneut zu #87 „zurücknummeriert" wurde, wobei auch die Garnitur #01 „Gießen" wieder ihre alte Nummer bekam. Die Triebköpfe 087/587 sind so seit 2015 mittlerweile zum vierten Male mit einer anderen Zug-Garnitur unterwegs!

Der von Zug #77 entfernte Name „Basel" kehrte zurück an den bisher namenlosen Zug #73. Die Anbindung Graubündens an den ICE-Verkehr bescherte dem Zug #86 den Namen „Chur".

Garnitur #11 „Nürnberg" wurde 2016 zu #75. Am 17. Februar 2019 gab es in Basel eine Entgleisung, als sich unter dem fahrenden Zug eine Weiche umstellte(!) und die Kollision mit einem Brückenpfeiler nur knapp vermieden wurde. Der dabei stark beschädigte Wagen-#1 (2. Kl.) mit dem Namen „Nürnberg" wurde an der Garnitur #75 durch einen namenlosen Wagen 2. Klasse ersetzt. Der Havarist stand einige Zeit in Basel Bad. Bf. und wurde dann verschrottet.

In letzter Zeit gehäuft hat sich das bereits oben erwähnte „Durchmischen" mehrerer Garnituren, indem die zwölf Mittelwagen manchmal von bis zu drei verschiedenen ICE-1 stammen können. So kommen die Züge dann manchmal auch zu unterschiedlichen Namen an den Wagenenden, weil Wagen 1 von einem anderen Zug stammt als Wagen 14 und die Triebköpfe nochmals anderer Herkunft sein können. So geschehen z. B. beim bisher namenlosen Zug-#76, in dem sich seit November 2019 u .a. Wagen 1 von Zug-#81 samt Name „Interlaken" und am anderen Ende Wagen 14 von Zug-#62 samt Name „Geisenheim/Rheingau" eingereiht finden. Hingegen führen die Triebköpfe von Zug #81 „Interlaken" seit Herbst 2019 eine bunte Mischung der Züge #15, 62 & 81 mit sich. Der Rest der Garnitur-#15 „Regensburg" hingegen verblieb bei den nur in Deutschland verkehrenden Triebköpfen 401-015/515, so gesehen in Ulm im Januar 2020. Auch Zug-#17 „Hof" trägt seit 2019 mit „Neumünster" am anderen Ende einen zweiten Namen.

Alle schweiztauglichen ICE-1-Triebköpfe sind mittlerweile mit LED-Spitzensignal nachgerüstet, was ihnen wie der BR 218 auch, sehr gut zu Gesichte steht und was oft außerhalb einer Revision „ganz plötzlich" erfolgte, manchmal aber auch im Rahmen einer Revision dennoch unterblieb. Der erste war 401-572-3 im Herbst 2014.

Die technische Situation um den ICE-1 zeigt sich seit 2017 wieder stabiler und insgesamt sind die Züge, verglichen mit den CIS-ETR610, die ja fast nur aus Problemen bestehen, trotz diverser Alterserscheinungen auch nach mittlerweile ca. 30 Jahren doch recht zuverlässig unterwegs. Allerdings würden 50-jährige Lokomotiven wie z. B. die 218 oder vergleichbare E-Loks wohl nur „milde lächeln, wüssten sie" um die Ausfälle bei den gerade einmal gut halb so alten „Kollegen".

So zeigte sich im Winter 2019/20 gehäuft das Phänomen, dass nach einem Zwischenhalt einer der Triebköpfe nicht mehr aufstartet und der Zug dann mit nur einer in Traktion befindlichen Lok weiterfuhr bis Interlaken. Auch blieben die ICE-1 weder von weiteren Unfällen noch von massiv zunehmenden Graffiti-Schäden verschont.

Einen gewissen traurigen Höhepunkt dieser Schmierereien zeigten die Jahre 2017/18, danach wurde es gefühlt eher wieder besser.

Zug-#85 „Freilassing" wurde die Ehre zuteil, als einer der letzten ICE-1 im Mai 2020 nochmals ins Berner Oberland zu verkehren und dabei als einziger ICE-1 den „neuen grünen Streifen" der DB für den „schnellsten Klimaschützer Deutschlands" für wenige Wochen auf Schweizer Boden zu präsentieren. Einseitige wie auch beidseitige Fremdbespannungen blieben und bleiben weiterhin ein Dauerthema, dessen wechselnde Details hier aber, wie schon erwähnt, zu weit führen würden.

Beheimatung aller ICE-1 der Baureihe 401 war und ist stets Hamburg-Eidelstedt, wo 1991 extra zu diesem Zweck ein hochmodernes ICE-Werk in außerordentlichem Außen-Design in Betrieb genommen wurde.

Auch in Berlin-Rummelsburg, München und Frankfurt-Griessheim gibt es große ICE-Werke, wobei die Fassade in München vollverglast wurde, sodass die Wartungsarbeiten von außen beobachtet werden können. Im recht kleinen Werk Basel Bad. Bf. werden kleinere Wartungen ortsnah durchgeführt, z. B. bei den schweiztauglichen ICE-1 wähernd deren internationaler Einsatzzeit. Weitere (kleinere) ICE-Werke gibt es in Dortmund, Köln und Leipzig.

Das große Refit von 2005 fand im AW Nürnberg statt und seit 2019/20/21 erhalten die Züge nochmals eine weitere Aufarbeitung. Danach werden die ICE-1, leider auch in z. T. auf neun Wagen verkürzter Form, jedoch nur noch in Deutschland eingesetzt, wo sich Ende Mai 2021 deren Betriebsaufnahme zum 30. Mal jährte. Die verkürzten Garnituren setzen sich zusammen aus zwei Wagen der 1. Klasse (Wg. 11/12), dem altvertrauten Buckel-Speisewagen, fünf Wagen der 2. Klasse und dem „Service-Wagen", der wie vor dem Refit 2005 wieder in den Bereich der 2. Klasse umgesetzt wurde. Darüberhinaus die beiden Triebköpfe, wobei die schweiztauglichen Exemplare ihre CH-Zulassung verlieren, den zweiten Stromabnehmer jedoch behalten. Äußerlich bekommen die Garnituren das leicht geänderte Design des ICE-4, das ICE-1-#77 bereits 2016 als damals einziger erhielt. Darüberhinaus erhalten die Garnituren elektronische Zuglaufschilder im Fensterband wie bisher ab Bauart ICE-2.

Prototyp für Tests mit den verkürzten Garnituren war im Sommer 2018 ICE-1 #60 „Mülheim a .d. Ruhr". Erster regulärer „Kurz"-ICE-1 ist Zug-#55 „Rosenheim", der seit Frühjahr 2020 auf diese Art im innerdeutschen Verkehr in Betrieb steht. Zweiter Zug seit 2021 ist der ehemals schweiztaugliche ICE-1 #79. Auch ICE-1 #80 „Castrop-Rauxel" ist mittlerweile verkürzt. Er begegnete mir in dieser Art erstmals im Juli 2021 in Basel SBB. Ebenfalls bereits verkürzt ist die seit Mai 2021 mit dem Jubi-Kleber „30 Jahre ICE" versehene Garnitur #86 „Chur".

Links: So sieht ein abgekuppelter Reisezugwagen eines ICE-1 aus, hier Wagen 4 von Zug #84 „Bruchsal", Werkstätte Basel Bad. Bf. 2015.
Oben: Entrollt gerade den „heiligen Hallen" in Basel Bad. Bf.: der Versuchsträger ICE-S, BR 410, Juli 2016.

Boxenstop: Zu Besuch im Bw Dessau im August 2019, wo sich gerade unter anderen die Triebköpfe 401-076 & -576 *(Bild rechts)* sowie 401-581 *(Bild darunter)* in Revision befinden

(zwei Fotos © Clemens Kral, mit freundlicher Gemehmigung).

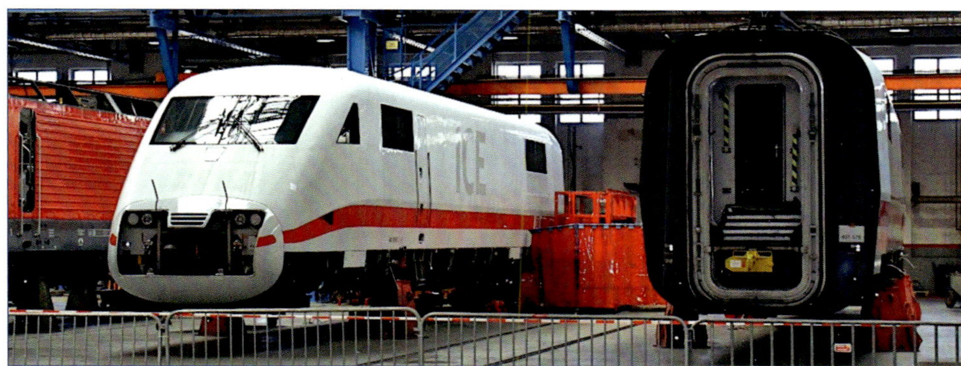

ICE-1 BR 401-074/574 „Zürich", übelst versprayt beim Zwischen-Stop in Thun, März 2016. Im Juli 2016 war er dann wieder sauber, dafür aber im Herbst 2018 noch schlimmer zugerichtet: die Sprayereien umfassten dort an zwei Wagen sogar den Bereich oberhalb der Fensterzeile. Graffiti-Schäden, nicht nur, aber gerade an den ICE-1, haben in den letzten Jahren massivst zugenommen und sind eine Zumutung sowohl für die Reisenden – Wagen-Anschriften nicht erkennbar, Fenster „zu" – wie für das Werkstätten-Personal, die extremen Putzaufwand zusätzlich haben und nicht zuletzt für die betroffene Bahngesellschaft, „Schmuddel-Image" und Mehrkosten! Die Strafen für derartige Taten sind wohl zu milde. Rechts zeigt sich Zug-#79 am 01. Februar 2018 in Zürich HB (Triebkopf 401-079-9) in schlimmem Zustand. Nein, das ist kein „Farb-Sonderling" und auch kein „silberner" TGV, sondern ein ganz normaler ICE-1-Triebkopf, der unter Schmutz und Graffiti eigentlich weiß wär ... Das überaus elegante Gesicht des ICE-1 sieht sogar mit derart massiven Gebrauchsspuren noch gut aus.

Links: Stark verschmutzte Front des ICE-1 BR 401-581-4 mit „grinsendem Mundwinkel", Thun 2014, *rechts:* der extrem verschmutzte Triebkopf 401-582-2, Basel SBB, 2013.

Mitte: Der erste mit LED-Spitzensignal: Einfahrt des ICE-1 BR 401-072/572 „Landshut", ab 2015 dann „Aschaffenburg", in den Bahnhof von Thun, Oktober 2014. Der Zug hat nur einseitig an 401-572-3 als erster der schweiztauglichen Modelle LED-Spitzensignal erhalten.
Auf dem Bild links derselbe Zug im Mai 2016 in Thun, wiederum führend Triebkopf 401-572-3 mit LED-Spitzensignal, und umgetauft auf den Namen „Aschaffenburg".

Links: Triebkopf 401-089-8 am 02. Januar 2017 in Thun, noch mit dem konventionellen Spitzensignal und sechs Wochen später, am 16. Februar 2017, ebenfalls 401-089-8 in Thun – nun mit LED Spitzensignal rechts. Die Lackschäden wurden nicht ausgebessert.

Mitte: Beispiele für Bespannungs-Sonderlinge und Durchmischungen: im Sommer 2015 war die nicht-schweiztaugliche Garnitur-#04 „Mühldorf am Inn" vorübergehend mit den beiden schweiztauglichen Triebköpfen 401-078-1, „Bremerhaven" und 401-087-2, „Fulda", unterwegs; so gesehen am 12. Juli 2015 in Faulensee und Leissigen am Thunersee. Zug #78 „Bremerhaven" hingegen hatte in dieser Zeit mit 401-578-0 nur einen eigenen Triebkopf, am anderen Ende der Garnitur lief 401-587-1 von Zug #87 „Fulda", so gesehen am 13. Juli 2015 in Bern. Per 24. Juli 2015 erfolgte die definitive Umnummerierung zu #87, was auch den Namenstausch zwischen den Garnituren #04 & #87 bedeutete. Bereits 2017/18 sollten die beiden Triebköpfe 401-087/587 mit dem dann zu #87 umnummerierten Zug #01 „Gießen" abermals eine andere Garnitur erhalten, im Herbst 2018 jedoch einmal mehr umgespannt werden auf die revidierte und zu #87 „zurücknummerierte" Garnitur „Mühldorf a. Inn" ... Die Triebköpfe 401-087/587 wurden so zu einer Art von „Rekordhaltern" in der Neu-Zuteilung von Zuggarnituren, dies nämlich vier-Mal in drei Jahren. Derartige Durchmischungen sollten sich gegen Ende der

Schlecht übermalt und daher noch sichtbar: aus „Tz 04" wurde „Tz 87",Bern, 24. Juli 2015.

2010er-Jahre auch bei anderen ICE-1-Garnituren außerordentlich häufen, nachdem diese zuvor über Jahrzehnte stets „reinrassig" unterwegs gewesen waren. Über Jahre konnte man irgendwo am Zug die Nummer ablesen und durfte sicher sein, dass die gesamte Garnitur und beide Triebköpfe dieselbe Nummer haben würden; das ist nun nur noch selten so. Das „Beweis-Foto": die zuvor beschriebene Umbespannung auf schweiztaugliche Triebköpfe, hier 401-087/587 an der sonst nur innerhalb Deutschlands verkehrenden Garnitur-#01 „Gießen" beim Halt in Thun in der Schweiz, im Berner Oberland im Januar 2018.

Auch wenn das Foto von Bern stark verkleinert ist: am Triebkopf steht eindeutig 401-587-1 und an Wagen-#14 der Name „Gießen".

ICE-1 BR 401-576-4 mit Teilen der Garnitur-#62 „Geisenheim/Rheingau" beim Halt in Thun, Februar 2020; die andere Hälfte des Zuges besteht aus Wagen der Garnitur-#81 „Interlaken" sowie Triebkopf 401-076-5.

Einmal frisch machen bitte: die Züge der in Hamburg-Altona endenden ICE-1-Verbindungen werden zum Saubermachen mal eben kurz in das räumlich sehr nahe gelegene ICE-Werk in Hamburg-Eidelstedt gebracht; auf dem Bild oben ist Zug-#58 „Gütersloh" auf dem Weg dorthin, auf dem Bild unten steht Zug-#70 in Warteposition vor dem ICE-Werk, Juli 2019.

ICE-1 BR 401-070/570, Triebkopf 401-070-8, HH-Eidelstedt, Juli 2019.
Unten: Die beiden ICE-1-#18 „Gelnhausen", hinte, & #58 „Gütersloh", vorne in Warteposition beim ICE-Werk HH-Eidelstedt, Juli 2019.

Die „heiligen Hallen“: ICE-Werk Hamburg-Eidelstedt (Juli 2019). Das Gleisvorfeld ist noch mit Flügelsignalen abgesichert.

Er rauscht vorbei: mit hoher Geschwindigkeit passiert der 1100-km-Super-Langläufer der Relation Chur – Kiel die Station Hamburg-Eidelstedt und bringt seine Passagiere von den Schweizer Alpen an die Ostsee, ICE-1 BR 401-080/580 „Castrop Rauxel“, HH-Eidelstedt, Juli 2019.

ICE-1 InterCityExpress DB-Baureihe 401 (1989-93) – Komplett-Liste

Nicht schweiztaugliche Modelle Stand: 28. Oktober 2022 (#62 bis 71 waren österreichtauglich bis 2007)

Zug-#	Triebköpfe	Name	Bemerkungen	dokumentiert
■ 01	401-001-3/501-2	Gießen		
Foto				
		Mühldorf a. Inn	Name seit 2018 durch Umnummerierg. von Zug #87	Foto
		(Wagen-Garnitur „01" seit 12/2017 mit 401-087/587 [vorübergehend] im Verkehr mit der Schweiz;		
		von Frühling bis Herbst 2018 Zuteilung & Umnummerierung der Garnitur „Mühldorf a. Inn" zu 401-001/501)		Foto
■ 02	401-002-1/502-0	Jever (seit 2018)		Foto
■ 03	401-003-9/503-8	()		Foto
■ 04	401-004-7/504-6	Mühldorf a. Inn 2015 umnummeriert zu #87! siehe dort ---		
			(Über aufwendige Zwischenstufen mit mehrfach gewechselter Bespannung– ausführlich foto-dokumentiert)	
		Fulda	ab 2015	Foto
■ 05	401-005-4/505-3	Offenbach am Main		Foto
■ 06	401-006-2/506-1	Plattling (ab 2018: Itzehoe)	Fotos mit altem & neuem Namen	Foto
■07	401-007-0/507-9	Plattling (Tausch m. #06)	Fotos mit altem & neuem Namen	Foto
■08	401-008-8/508-7	Lichtenfels		Foto
■09	401-009-6/509-5	???	Triebkopf „509" an Zug-#19 (FRA 2016/HH 2017, BSS 2017) ---	
			Triebkopf „009" an Zug-#16 (FRA 2018) ---	
■10	401-010-4/510-3	Gelsenkirchen		Foto
■11	401-011-2/511-1	Nürnberg	2016 umnummeriert zu #75! siehe dort	F. als #75
		()	2018 (ohne Name)	Foto
■12	401-012-0/512-9	Memmingen	19.11.2017: fremdbespannt m. 402-045-9;	Foto
			Anfang 2018 „die wahrscheinlich schnellste Praline auf deutscher Schiene"	Foto
■13	401-013-8/513-7	Frankenthal/Pfalz		Foto
■14	401-014-6/514-5	Friedrichshafen		Foto
■15	401-015-3/515-2	Regensburg	(ab 11/19 nur noch an Wg. 1); seit Herbst 2019: Mischg. aus 15/62/81	Foto
■16	401-016-1/516-0	Pforzheim		Foto
■17	401-017-9/517-8	Hof	nach Rev. 03/2019: Wg. 14 von Zug#53 „Neumünster"	Foto & Film
■18	401-018-7/518-6	Gelnhausen		Foto
■19	401-019-5/519-4	Osnabrück	scheinbar dauerhaft 1-seitig fremdbesp. m. 401-509-5	
			(„509" & „519" LED) statt 401-019-5; so gesehen FRA 2016, HH/BSS 2017	Foto
■20	401-051-8/520-2	Lüneburg .	Triebkopf „020" nach Brandschaden ausgemustert	Foto
		(ehemals Osnabrück?)	an dessen Stelle: „051" vom Unfallzug Eschede	
			im 2017/18: 401-019-5 statt 401-051-8	Foto
■51	--- ---	zerstörter Unglückszug von Eschede 1998 ---		
■52	401-052-6/552-5	Hanau	seit 01/2022 verkürzt m. neun Wagen	Foto
■53	401-053-4/553-3	Neumünster		Foto
■54	401-054-2/554-1	Flensburg	UL 2016 m. 402-045-9 statt „054"; seit 2021 verkürzt	Foto
■55	401-055-9/555-8	Rosenheim .	BAD 2014 mit 402-045-9 statt „555"	Foto
			UL 2017 regulär mit „055/555"	Foto
			seit 2020 verkürzt auf neun Wagen	
■56	401-056-7/556-6	Heppenheim/Bergstraße		Foto
■57	401-057-5/557-4	Landshut	Name „Landshut" seit 2015 (statt Zug-#72)	Foto
■58	401-058-3/558-2	Gütersloh		Foto
■59	401-059-1/559-0	Bad Oldesloe		Foto
■60	401-060-9/560-8	Mülheim a.d. Ruhr	(2018/19: Versuchsträger für verkürzte Garnituren)	Foto
■61	401-061-7/561-6	Bebra		Foto
■62	401-062-5/562-4	Geisenheim/Rheingau	(Name bis 11/2019)	Foto
■63	401-063-3/563-2	()	fremdbespannt mit 401-007-0	Foto
■64	401-064-1/564-0	()	(04/2022: fremdbespannt m. 401-051-8)	Foto
■65	401-065-8/565-7	Neu-Isenburg		Foto
■66	401-066-6/566-5	??? ---		
■67	401-067-4/567-3	Garmisch-Partenkirchen		Foto
■68	401-068-2/568-1	Crailsheim		Foto
■69	401-069-0/569-9	Worms		Foto
■70	401-070-8/570-7	()		Foto
■71	401-071-6/571-5	Heusenstamm	verkehrt auf meiner Modellbahn (bespannt mit 401-001/501)	Foto

ICE-1 Schweiztaugliche Züge Stand: 26. Februar 23

(Einsatz im internationalen Verkehr mit der Schweiz endet Juni 2020, danach Refit mit Verlust der CH-Zulassung)
Ab Herbst 2017 haben einige Triebköpfe einen Jubiläums-Aufkleber zu „25 Jahre ICE-Verkehr mit der Schweiz"
Im Mai 2021 erhielten 401-086/586 Aufkleber zu „30 Jahre ICE" und den zweifarbigen Zierstreifen der 1990er

Zug-#	Triebköpfe	Name	Bemerkungen	dokumentiert
■72	401-072-4/572-3	Landshut	Name bis 2014	Foto & Film
		Aschaffenburg	Name ab 2015 (statt Zug-#57)	Foto
■73	401-073-2/573-1	()		Foto & Film
		Basel	Name seit 2016 (statt Zug-#77)	Foto
■ 74	401-074-0/574-9	Zürich	verkehrt auf meiner Modellbahn	Foto & Film
■ 75	401-075-7/575-6	() bis 2016 & wieder ab 2022		Foto & Film
		Nürnberg	Name Nürnberg von Zug-#11 durch Umnummerierung 2016 (Entgleisung Wagen #1, Basel 17.02.2019, steht 17.05.19 noch in Basel-Bad-Bf.)	Foto
■ 76	401-076-5/576-4	() ca. 2008-2019, vormals Bremen		Foto
		Geisenheim/Rheingau / Interlaken (seit 11/2019: Interlaken Wg. 1, Geisenheim Wg. 14)		Foto
■ 77	401-077-3/577-2	Basel	Name bis 2015, (verkehrt auf meiner Modellbahn)	Foto & Film
		Rendsburg	Name seit 2016	Foto
■ 78	401-078-1/578-0	Bremerhaven		Foto & Film
■ 79	401-079-9/579-8	()	seit 11/2020 verkürzt m. neun Wg.	Foto & Film
■ 80	401-080-7/580-6	Castrop-Rauxel	verkehrte 2013/14 ohne Name	Foto & Film
			seit 12/2020 verkürzt m. neun Wagen	Foto
■ 81	401-081-5/581-4	Interlaken (bis 11/2019) / Regensburg	Herbst 2019: Misch-Garnitur aus #15/62/81	Foto
■ 82	401-082-3/582-2	Rüdesheim	seit 01/2022 verkürzt m. neun Wg.	Foto & Film
■ 83	401-083-1/583-0	Timmendorfer Strand	seit 01/2022 verürzt m. neun Wg.	Foto & Film
■ 84	401-084-9/584-8	Bruchsal	Name zeitweise nur auf Seite „584"	Foto & Film
■ 85	401-085-6/585-5	Freilassing		Foto & Film
■ 86	401-086-4/586-3	() / Chur	Name seit 2016	Foto & Film
			seit 2021 verkürzt m. neun Wg.; Rev. 03/22	
■ 87	401-087-2/587-1	Fulda	Name bis 2015	Foto
		Mühldorf am Inn	Name seit 2015 durch Umnummerierg. v. Zug-#04	Foto & Film
		Gießen	Name seit 2018 durch Umnummerierg. v. Zug-#01	Foto
		Mühldorf am Inn	erneute Umnummerierung mit Revision 01. September 2018	
		(Über aufwendige Zwischenstufen mit mehrfach gewechselter Bespannung – ausführlich foto-dokumentiert)		
		(Entgleisung v. drei Wg. in BSS 11/2017; Triebköpfe 401-087/587 dann temporär m. Zug #01 „Gießen")		
■ 88	401-088-0/588-9	Hildesheim	seit 02/2022 verkürzt m. neun Wg.	Foto & Film
■ 89	401-089-8/589-7	()		Foto & Film
■ 90	401-090-6/590-5	Ludwigshafen am Rhein		Foto & Film

■ 401-001/501 bis 020/520 & 051/551 bis 090/590: 60 in den Jahren 1989-92 gebaute Züge des Typs ICE-1 (BR 401)
Inbetriebnahme 1991-93
die Nummern 21-50 sind nicht besetzt

■ davon 2019 noch in Betrieb: 59 (Zug-#51 nach Unfall von Eschede ausgemustert, da fast vollständig zerstört)

■ davon mir persönlich begegnet 57 (belegt durch: Augenschein/Foto/Film 2008-2021); d. h. einzig ohne Züge 9, 51 & 66
(die Begegnungen in den 1990er-Jahren sind – außer einer in Brunnen 1995 – leider nicht dokumentiert)

■ Länge eines Zuges: zwei Triebköpfe + zwölf Wagen (Wg. #1-14, jedoch ohne #10, 13): 358m

Die grandiose Bahnhofshalle von Basel SBB und zwei ICE-1 am selben Bahnsteig genau unter dem Mittelschiff bei Gleis 5/6:
ICE 401-010/510 „Gelsenkirchen" links und ICE 401-077/577 „Basel" rechts, Basel SBB Dezember 2015.

ICE 1 BR 401 Daten und Fakten

Erste Inbetriebnahme:	2005 ff
Anzahl der Züge:	58
Anzahl Wagen/Endwagen:	12
Länge (Zug):	358 m
Anzahl angetriebener Achsen:	8
Zuggewicht:	ca. 782 t
Höchstgeschwindigkeit:	280 km/h
Klimaanlage:	ja
Druckertüchtigung:	ja
WC-System:	geschlossen
Stromsystem:	Einsystem
Notbremsüberbrückung:	ja
Auslandseinsatz möglich:	CH (einzelne Züge)
Bordrestaurant:	ja
Bordbistro:	ja

Sitzplätze (gesamt):	703			
	1. Klasse (Anteil in %)		2. Klasse (Anteil in %)	
davon Sitzplätze:	197	(28%)	506	(72%)
Plätze im Handybereich:	141	(72%)	358	(71%)
Plätze im Ruhebereich:	56	(28%)	142	(28%)
Plätze im Familienbereich:	-		24	(5%)
Steckdosen am Platz:	ja		ja	
Kleinkindabteil:	nein		ja	
Rollstuhlstellplätze:	ja (2+1 Bedarfsrollstuhlstellplatz)		nein	
Fahrradstellplätze:	nein		nein	
Elektronische Reservierungsanzeige:	ja		ja	
Infodisplay für Bordinformationen:	ja		ja	
WLAN:	ja		ja	

Stand: Januar 2019
Änderungen vorbehalten, Einzelangaben ohne Gewähr

Tabelle 2: ICE 1 Baureihe 401 – Aussenansicht und technische Daten © Deutsche Bahn AG (mit freundlicher Genehmigung)
(Anm.: die Angabe der „Erst-Inbetriebnahme 2005" bezieht sich auf das Re-Design; tatsächlich ging der ICE-1 1991 in den Fahrplan-Einsatz)

Tabelle 3 (Stand April 2022):
Die ICE-Familie der DB (Serien-Ausführungen, ohne Prototypen, ohne ICE-S):

BR 401 / ICE-1 (#001 – 020, # 051 – 090)	1991-93 / 59 Stück	Lok-Wagen-Konzept in Sandwich-Bespannung (davon: #062 – 071 österreichtauglich bis 2007 #072 – 090 schweiztauglich bis zum 2. Refit 2022)
BR 402 / ICE 2	1995-97 / 44 Stück	Lok-Wagen-Steuerwagen-Konzept, flügelbar
BR 403 / ICE 3	ab 1998 / 50 Stück	Triebzug--Konzept; Vmax 330 km/h
BR 406 / ICE 3	ab 1998 / 16 Stück	Mehrsystem-Variante des 403 für NL & F, geplant war auch GB ...
BR 411 / 415 / ICE-T	ab 2004 / 70 Stück	Neige-ICE (immer wieder auch Probleme mit der Neigetechnik)
BR 605 / ICE-TD	2000 / 19 Stück	Diesel-Neige-ICE (hat sich rein gar nicht bewährt)
BR 407 „Velaro D"	2011 / 17 Stück	Nachlieferung zum Mehrsystem-ICE 3 BR 406 mit vier Antriebs-Einheiten, sodass bei einem Ausfall der Zug weiterfahren kann
BR 408 / ICE 3 neo	2022/29 /43 Stück	weiterentwickelte Ergänzung zur BR 407 „Velaro"
BR 412 / ICE 4	2016/17/ 100 Stück	soll leider alle Lok-Wagen-IC sowie (ab 2030) auch den ICE-1 ersetzen

ICE 1 & 2 sind noch „gute alte" Lok-Wagen-Konzepte, wobei jedoch nur der „1er" noch den wirklich langen Schnellzug auch mit Seitengangabteilen verkörpert.

- Alles ab ICE-3 sind für mich sogenannt moderne, unsägliche Triebzug-Konzepte
- Alles ab ICE-2 ist „flügelbar" – was aber auch nötig ist bei den kurzen Garnituren
- Für mein Auge „schön" sind einzig der ICE-1und der „Velaro" BR 407 / 408
- Der ICE-4 ist zwar wenigstens auch ein 12-Wagen-Lindwurm, aber eben ein Triebzug und optisch für mein Auge auch nur mäßig gelungen – und die Türen klingen nach Nichts ...

... somit: der ICE-1 – aus meiner Sicht unbestritten das „Prachtstück":

- Der gute alte Schnellzug (Lok, Wagen, Länge, Komfort, „Eisenbahn-Gefühl")
- Trotzdem ein hochmoderner Zug unserer Zeit mit V_{max} 280 km/h
- Für mein Auge unglaublich elegant, harmonisch – und einfach schön ...!
- Und der Klang seiner Türen, seiner Bremsen, der Lüfter an den Triebköpfen: einfach unverwechselbar der ICE-1

Innenraum-Detail am Übergang von Wagen 14 zum Triebkopf, Juli 2020.

Der Autor auf „Bonus-Fahrt" im Seitengang-Abteil: am 05. Juli 2020 kam nochmal ein „1er" anstelle eines „4ers" – zu meiner größten Freude!

ICE-1 BR 401-086/586 „Chur" der Relation Berlin – Basel – Berlin, Basel SBB, 27. Juni 2020

ICE 1 BR 401 Gesamtübersicht (1/2)

Triebkopf
(TK 401)

1. Kl.-Wagen
(Avmz 801.8)
Nr. 14

1. Kl.-Wagen
(Avmz 801.4)
Nr. 12

1. Kl.-Wagen
(Avmz 801.0)
Nr. 11

1. Kl.-Wagen
(Apmbsz 803.1)
Nr. 9

Bordrestaurant
(WSmz 804.0)
Nr. 8

2. Kl.-Wagen
(Bvmz 802.0)
Nr. 7

Stand: Januar 2019 Änderungen vorbehalten, Einzelangaben ohne Gewähr

Tabelle 4: ICE 1 – Inneneinteilung Wagen 14 bis 9 (1. Klasse), Speisewagen (Wagen 8) und Wagen 7 (2. Klasse)

ICE 1 BR 401 Gesamtübersicht (2/2)

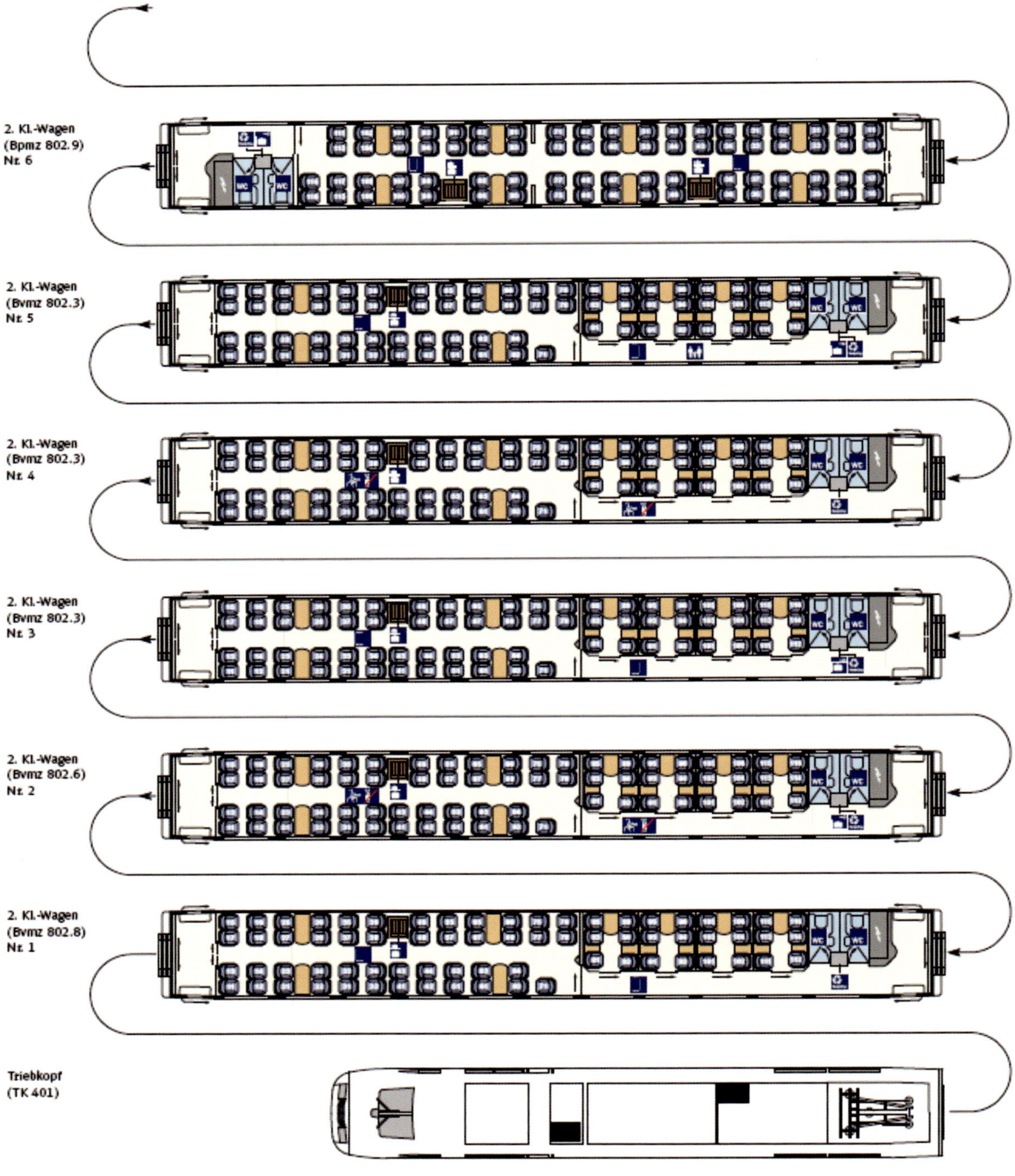

Tabelle 5: ICE 1 – Inneneinteilung Wagen 6 bis 1 (2. Klasse) – Anm.: diese Zeichnung zeigt die Variante des Wagen 6 ohne Seitengang-Abteile; somit handelt es sich hier um einen ursprünglich für den ICE-2 gebauten Wagen. In der Regel verfügt im ICE-1 jedoch auch der Wagen 6 über Seitengang-Abteile.

Epilog

Die Schönheit liegt immer im Auge des Betrachters. Über Geschmack lässt sich (nicht) streiten. Welcher ist der Schönste im ganzen Land? Urteilen Sie selbst!

Nun, für mein Auge ist es klar der „1er", Punkt! Aber auch die ergänzende Weiterentwicklung des ICE-3 der Baureihen 403/406 in Gestalt des mit einer geänderten Kopfform versehenen BR 407 „Velaro" macht eine wirklich elegante Figur. Man hätte diese Kopfform durchaus für den ICE-4 der Baureihe 412 übernehmen können, das wäre aus meiner Sicht die wesentlich schönere Variante gewesen, denn das „Gesicht" des ICE-4 ist für mein Auge etwas zu plump-eckig, aber dennoch einigermaßen akzeptabel. Eleganz jedoch, die geht anders ...

Nur der Vollständigkeit halber präsentiere ich Ihnen, werte Leserschaft, auch noch die „Gesichter" der weiteren ICE-Varianten, die jedoch aus meiner Sicht nicht unbedingt Sehenswürdigkeiten darstellen. Das gilt auch für den ICE-2, der zwar in seiner Gestalt, mit Ausnahme von Speise- & Steuerwagen, mit dem ICE-1 identisch ist, aber bedingt durch den Einbau der Bugklappen die Position der Stirnlampen sowohl beim Triebkopf wie auch beim Steuerwagen in einer Art geändert werden musste, dass die ganze Harmonie dieses Gesichtes dahin ist. Das ist ähnlich wie bei der unglaublich eleganten TRAXX-Lokomotive der BR 185, bei der ab 185.5 resp. 186 eine „kleine" Crash-Optimierung an der Kopfform dafür sorgte, dass damit auch hier die gesamte Eleganz dahin war. Noch krasser ist dies bei den „Mops"-Triebwagen der DB-Baureihe 440, die auch ein irgendwie hübsches Gesicht haben. Es folgte eine Neuauflage mit sogenannter „Crash-Optimierung" die eigentlich gar kein „Gesicht" mehr beinhaltet – eine der vielen „Gesichtslosen" unserer Zeit.

Mäßig gelungen: ICE-4 BR 412, Zug-#9043 der Relation Interlaken – Hamburg bei der Durchfahrt durch Ostermundigen bei Bern, Dezember 2020

Ein wirklich schönes „Gesicht": ICE-3 BR 407 (Velaro), hier Zug-#714, Ulm Hbf, 2017

Ohne Zweifel „der Schönste" aller ICE: der ICE-1, hier BR 401-086/586 „Chur" der Relation Basel SBB – Berlin, Basel SBB, Juni 2020

So einen schönen „Fischmaul-Kussmund" ergeben zwei gekuppelte 407er ICE-3-Velaro; Ulm Hbf 2015

Die „Spitzmaus" hat mich nie sonderlich beeindruckt: „Gesicht" des ICE-3, ein Exemplar der Mehrsystem-BR 406, Basel Bad. Bf, 2016

Ein eher „plump" geratenes „Gesicht": der Neige-ICE-T, BR 411/415, hier der BR 411-074-8 „Hansestadt Warburg", Garmisch-Partenkirchen 2017. Das Gesicht des glücklosen Diesel-ICE der BR 605 ist mit dem des hier gezeigten 411 bzw. 415 identisch. Die ICE-T verkehren auch nach Österreich, einige sind sogar bei den ÖBB immatrikuliert. Die Schweiz-Zulassung hingegen wurde wieder rückgängig gemacht nach den glücklosen „Übungen" auf der Linie Zürich – Stuttgart, wo der ICE-T sich anscheinend ebensowenig bewährte wie der „Schiss-Alpino" CIS/ETR-470. Vernünftigerweise verkehren nun wieder Lok-Wagen-Züge, aber vom Glanz der einstigen Direkt-Verbindung Rom – Milano – Stuttgart –Nürnberg ist nichts mehr übrig.

Der direkte Vergleich zwischen den Gesichtern eines ICE-2-Triebkopfes und demjenigen eines ICE-1 zeigt anschaulich den durch die Bugklappen bedingten Unterschied in der Positionierung der Stirnlampen, die die Beeinträchtigung in der „Harmonie des Gesichtes" zur Folge hat. Beim „2er" entsteht der Eindruck einer völlig überdimensionierten „Kinn-Partie". *Oben links:* ICE-2-„Ersatz"-Triebkopf 402-045-9, hier mit dem ICE-1 #55 „Rosenheim" bespannt, Baden-Baden 2014. *Oben rechts:* Die Triebköpfe des ICE-S der BR 410 sind identisch mit denjenigen des ICE-2; hier der 410-102-8, Basel Bad. Bf. 2016. *Mitte:* Zum Vergleich nochmals der „Klassiker": das zeitlos schöne Gesicht des ICE-1-Triebkopfes, hier 401-574-9 „Zürich", Thun 2015. *Unten*: ICE-1-Triebkopf 401-573-1, Thun 2020

Authentizitätserklärung, Bildnachweis & Dank

Alle in dieser Publikation beschriebenen Geschichten beruhen auf eigenen Erlebnissen; den Interpretationen und (Be)Wertungen liegt meine eigene Meinung zugrunde.

Selbstverständlich stammt das Fachwissen technischer Art nicht von mir selbst, ist aber selbst erarbeitet: sowohl angelesen aus meiner umfangreichen Bibliothek an Eisenbahnliteratur wie auch erfragt bei den Personalen oder auch selbst beobachtet. Betriebliche Details zu Fahrplänen und Fahrzeugeinsatz sind entweder selbst beobachtet oder entstammen öffentlichen Aushängen und/oder der jeweils aktuellen Eisenbahnliteratur.

Mein herzlicher Dank gilt all den Personalen, die mir bereitwillig Auskunft gaben, unkompliziert Zutritt gewährten (sogar in Führerstände – ICE-1 live bei bis zu 260 km/h!) oder sonstwie behilflich waren.

Und herzlicher Dank an meine Frau Maria für ihre Geduld mit dem Mann, der ständig auf Bahnreisen unterwegs ist oder sonstwie Zügen hinterherreist, diese fotografiert und schreibt.

Bildnachweis: die meisten der gezeigten Photos sind meine eigenen (©mb); die Ausnahmen sind wie folgt:

- S. 19: ICE-1 BR 401-078/578 im Bahnhof Brenner, 1992, © Podszun-Verlag (mit freundl. Genehmigung des Verlages), Foto: Markus Inderst
- S. 20: ICE-1 mit Flügelsignalen in der Nähe von Goldshöfe, Okt. 2018, © Horst Lüdicke (mit freundlicher Genehmigung)
- S. 20/110: ICE-1 BR 401-059/559 bei Maisach, 1997, © Sammlung Hansjörg & Werner Brutzer (mit freundlicher Genehmigung)
- S. 20: ICE-1 BR 401-061/561 bei Vaihingen/Enz, 1993, © Sammlung Hansjörg & Werner Brutzer (mit freundlicher Genehmigung)
- S. 48: ICE-1 auf der Ulmer Eisenbahnbrücke mit Blick aufs Ulmer Münster, 1990er, © HorstLüdicke (mit freundlicher Genehmigung)
- S. 98: ICE-1 BR 401-080/580 am Thunersee oberhalb Einigen, 2017, © Julian Ryf (mit freundlicher Genehmigung)
- S. 112: ICE-1 BR 401-055/555 in Konstanz (zwei Fotos), 2020, © Oliver Geissinger (mit freundlicher Genehmigung)
- S. 109/113: ICE-1 BR 401-085 (2019), 401-562 (2020), 401-054 (2021), 3 Fotos, © Clemens Kral (mit freundlicher Genehmigung)
- S. 115: ICE-1 BR 401-086 mit Sonderbeklebung „30 Jahre ICE", Neuss-Norf, 2021, © Horst Lüdicke (mit freundlicher Genehmigung)
- S. 119: ICE-1 im Bw Dessau, 2019 (zwei Fotos), © Clemens Kral (mit freundlicher Genehmigung)
- S. 130 ff.: Schema-Zeichnungen zum ICE-1 (außen sowie die Inneneinteilung), © Deutsche Bahn AG (mit freundlicher Genehmigung der DB AG)

Matthias Bacher
Jahrgang 1965
Schlossweg 19
CH-3626 Hünibach (Schweiz)

Weitere Bücher unseres Verlages – eine Auswahl

Fordern Sie unseren Prospekt an mit Büchern über Autos, Motorräder, Lastwagen,Traktoren, Forstfahrzeuge, Lokomotiven, Baumaschinen, Feuerwehrfahrzeuge, Schwertransporte, Autokrane, Flugzeuge:

Verlag Podszun Motorbücher GmbH
Elisabethstraße 23-25, 59929 Brilon
Telefon: 02961-53213, Email: info@podszun-verlag.de
Webshop: www.podszun-verlag.de

168 Seiten, 480 Bilder, 28 x 21 cm
Festeinband, ISBN 9783861339793
EUR 29,90 Bestellnummer **979**

168 Seiten, 480 Bilder, 28 x 21 cm
Festeinband, ISBN 9783751610322
EUR 29,90 Bestellnummer **1032**

384 Seiten, 685 Bilder, 28 x 21 cm
Festeinband, ISBN 9783751610490
EUR 49,90 Bestellnummer **1049**

176 Seiten, 480 Bilder, 28 x 21 cm
Festeinband, ISBN 9783751610346
EUR 29,90 Bestellnummer **1034**

128 Seiten, 310 Bilder, 28 x 21 cm
Festeinband, ISBN 9783751610636
EUR 24,90 Bestellnummer **1063**

160 Seiten, 380 Bilder, 28 x 21 cm
Festeinband, ISBN 9783861339434
EUR 29,90 Bestellnummer **943**

224 Seiten, 600 Bilder, 28 x 21 cm
Festeinband, ISBN 9783751610315
EUR 39,90 Bestellnummer **1031**

240 Seiten, 480 Bilder, 28 x 21 cm
Festeinband, ISBN 9783751610643
EUR 39,90 Bestellnummer **1064**

256 Seiten, 660 Bilder, 28 x 21 cm
Festeinband, ISBN 9783751610131
EUR 39,90 Bestellnummer **1013**

136 Seiten, 280 Bilder, 28 x 21 cm
Festeinband, ISBN 9783751610339
EUR 29,90 Bestellnummer **1033**